Mathematatik fürs Auge

Horst Halling / Rolf Möller

Mathematik fürs Auge

Eine Einführung in die Welt der Fraktale

Spektrum Akademischer Verlag Heidelberg · Berlin · Oxford

Autoren:
Prof. Dr. Horst Halling,
Rolf Möller

Titelbild:
Julia-Menge (Farbabbildung 8)

Die Deutsche Bibliothek – CIP-Einheitsaufnahme

Halling, Horst:
Mathematik fürs Auge : eine Einführung in die Welt der Fraktale / Horst Halling/
Rolf Möller. – Heidelberg ; Berlin ; Oxford : Spektrum, Akad. Verl., 1995
ISBN 3-86025-427-8
NE: Möller, Rolf:

Diesem Buch ist eine 3,5″-Diskette mit Programmen zur Darstellung von Fraktalen beigefügt. Die Programme sind vor der Anwendung wie im Buch beschrieben zu installieren. Autoren und Verlag haben alle Sorgfalt walten lassen, um vollständige und akkurate Informationen in diesem Buch und dem beiliegenden Informationsträger zu publizieren. Autoren und Verlag übernehmen jedoch weder Garantie noch die juristische Verantwortung oder irgendeine Haftung für die Nutzung dieser Informationen, für deren Wirtschaftlichkeit oder fehlerfreie Funktion für einen bestimmten Zweck. Ferner können Autoren und Verlag für Schäden, die auf eine Fehlfunktion von Programmen, Schaltplänen oder ähnliches zurückzuführen sind, nicht haftbar gemacht werden. Auch nicht für die Verletzung von Patent- und anderen Rechten Dritter, die daraus resultiert. Eine telefonische oder schriftliche Beratung über den Einsatz der Programme ist nicht möglich.

Der Verlag übernimmt keine Gewähr dafür, daß die beschriebenen Verfahren, Programme usw. frei von Schutzrechten Dritter sind.

Druck und Verarbeitung: CSS Walter Flory GmbH, Speyer

Spektrum Akademischer Verlag GmbH Heidelberg · Berlin · Oxford

EIN VERLAG DER SPEKTRUM FACHVERLAGE GMBH

Ein Fraktal ist eine Untermenge eines euklidischen Raumes, dessen Hausdorff-Dimension sich von der topologischen Dimension unterscheidet.

Für

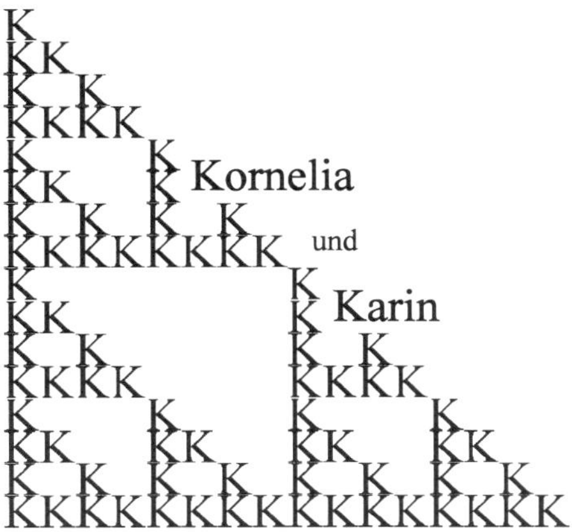

Vorwort

Einzelne fraktale Gebilde wurden früher als mathematische Monster bezeichnet, weil sie sehr eigenartige Eigenschaften aufweisen. Doch ähnlich wie bei Kindern ein überraschendes Interesse an Dinosaurien festgestellt werden kann, haben Fraktale insbesondere bei Benutzern von Rechnern ein wachsendes Interesse gefunden.

Diese Buch stellt eine Einführung in dieses faszinierende Gebiet dar, und die Autoren haben sich dabei einiges vorgenommen:

1. Es sollen die wichtigsten mathematischen Vorkenntnisse in den Formen vermittelt werden, wie sie in der weiterführenden Literatur gebraucht werden. Um die wesentlichen Konzepte zu verstehen, soll die Mathematik nicht umgangen werden.
2. Viele Beispiele sollen helfen, den roten Faden durch das Buch zu finden. Umwege wurden nach Möglichkeit vermieden.
3. Die gebotene Grafik soll auch fürs Auge Genuß bereiten. Die Schönheit der Geometrien soll enthüllt werden.
4. Man soll vieles selber ausprobieren können. Entweder durch Einsatz und Variation der mitgelieferten Programme oder durch die Benutzung von Programmen, die angegeben werden.
5. Zur Weiterbildung werden konkrete Ratschläge gegeben. Die Autoren haben diese Literatur sorgfältig ausgewählt.
6. Es soll Spaß machen und Interesse wecken. Viele Studenten haben an diesen und ähnlichen Aufgaben gerne mitgearbeitet und manches Programm in diesem Buch stammt von ihnen.

Sollten an einigen Stellen Verständnisschwierigkeiten auftreten, so mag es tröstlich sein, daß auch die Autoren mit vielen zu kämpfen hatten. Aber es lohnt sich.

Die Erhöhung der Rechengenauigkeit und die fallenden Preise bei grafischen Rechnerkomponenten erlauben es immer mehr, interessante Fraktale hautnah zu erleben.

Für alle, die Freude an der Mathematik, Informatik und Grafik haben, wurde dieses Buch geschrieben, gezeichnet, gerechnet, programmiert und gedruckt.

Leitfaden durch das Buch

Das Buch beginnt im zweiten Kapitel mit Grundlagen und Definitionen, im dritten Kapitel werden Folgen von Punkten und Mengen mit ihrem Grenzwert erläutert.

Iterationen und Transformationen folgen in Kapitel vier und fünf. Iterierte Funktionensysteme in Kapitel sechs zeigen, wie man Fraktale als Grenzwerte von Transformationsfolgen erhält und in Kapitel sieben werden dynamische Systeme als Wanderungen auf Fraktalen und der damit zusammenhängende Fluchtzeitalgorithmus in Kapitel acht erklärt. Julia-Mengen in Kapitel neun, Mandelbrot-Mengen in zehn und Grenzwertfraktale basierend auf Überlegungen der Maßtheorie in Kapitel elf, sowie die Einführung des Begriffs der fraktalen Dimension schließen den ersten Teil des Buches, der sich mit deterministischen Fraktalen befaßt, ab.

In den Kapiteln dreizehn, vierzehn und fünfzehn werden Grundbegriffe von zufallsgesteuerten Prozessen eingeführt und in Kapitel sechzehn deren Einfluß auf Fraktale gezeigt. Fraktale, die Naturgebilden nahekommen, zeigen die Kapitel siebzehn, achtzehn, neunzehn, zwanzig und einundzwanzig. In zweiundzwanzig wird der Nutzen von Fraktalen für die Computergrafik, in dreiundzwanzig technische Anwendungen und in vierundzwanzig die Brücke zur Kunst geschlagen. Hinweise zur Selbstprogrammierung und Vorschläge für eine fundierte Weiterbildung in Kapitel fünfundzwanzig und sechsundzwanzig beschließen das Buch.

Inhaltsverzeichnis

Einführung mit Georg Christoph Lichtenberg

G. C. Lichtenberg war der erste Professor für Experimentalphysik in Deutschland. Der in Göttingen unterrichtende Professor war ein Grenzgänger zwischen Naturwissenschaften und Literatur. Er war der erste, der bei elektrischen Entladungen fraktale Gebilde entdeckt, fixiert und beschrieben hat. Ihm zu Ehren wird seine charakteristische Erscheinung uns an vielen Stellen im Buch begegnen.

Er hat die Faszination gespürt, die von fraktalen Formen ausgeht. Sie sind geometrische Gebilde, die über alle Größenskalen hinweg Selbstähnlichkeit oder Selbstaffinität bewahren und gerade dieses - "immer wieder und immer feiner" - fesselt. Dabei fehlt ihnen die der Mathematik fälschlich oft nachgesagte Steifheit und Langweiligkeit. Im Gegenteil, sie wirken äußerst lebendig und naturnah. Obwohl sie erst der Rechner auf breiter Front entstehen ließ, sind ihre Eigenschaften nicht von diesem abhängig, sondern wie viele mathematische Konzepte auch an anderer Stelle entdeckbar oder generierbar, vor allem beim Lehrmeister Natur.

1. Zeichenerklärung

$\mathbb{X}, \mathbb{R}^1, \mathbb{R}^2, \mathbb{C}, \overline{\mathbb{C}}$	Räume
X, A, B, K	Mengen
x, y	Punkte
$(\mathbb{X}, d)$	metrischer Raum, d Distanz
$A \subset B$	A Teilmenge von B
$x \in A$	Element x aus A
$Min\{a, b, c\}$	kleinstes Element aus der Menge $\{a, b, c\}$
$Max\{a, b, c\}$	größtes Element aus der Menge $\{a, b, c\}$
$A \cup B$	Vereinigungsmenge
$A \cap B$	Durchschnittsmenge
$\forall x \in B$	für alle $x \in B$
$\begin{pmatrix} x_1 \\ x_2 \end{pmatrix}$	Vektor mit den Komponenten x_1, x_2
$A \cup B$	Vereinigungsmenge aller Elemente aus A oder B
$A \cap B$	Durchschnittsmenge der Elements aus A und B
$\forall x \in B$	alle x aus B
p_i	Wahrscheinlichkeiten $0 \leq p_i \leq 1$
$\sum_i p_i = 1$	Summe aller p_i gleich 1
$x = \lim_{n \to \infty} x_n$	x Grenzwert der Folge x_n
$h(A, B)$	Hausdorff-Abstand von A zu B
$x_{n+1} = f(x_n)$	Iteration
f^{-1}	inverse Transformation
w_i	Transformation
s	Kontraktionsfaktor
$x_f = f(x_f)$	x_f Fixpunkt der Transformation
IFS	Iteriertes Funktionensystem
${}^p f(x) = x$	periodischer Punkt mit Periode p
T	dynamische Transformation
$\lambda(x_0)$	Lyapunov-Exponent
$\overline{\mathbb{C}}$	$\overline{\mathbb{C}} \cup \infty$, Erweiterung von $\mathbb{C}$
F_j	gefüllte Julia-Menge
J_f	Julia-Menge
$\overline{\mathbb{C}} \setminus K_n$	Komplementärmenge von K_n
$M = \{\lambda \in P, A(\lambda) \text{ zusammenhängend}\}$	Mandelbrotmenge
λ	Parameter
$N(B, n)$	Anzahl der Punkte in B

$\mu(B)$	Maß von B
Sup	kleinste obere Schranke
$\mathbb{P}(\mathbb{X})$	Raum der normierten Maße
$u(\mu,\nu)$	Hutchinson-Abstand zwischen Maßen
$M(\nu)$	Markov-Operator
D	fraktale Dimension
Ω	Ereignisraum
ω	Elementarereignis
A	Ereignis
$P(A)$	Wahrscheinlichkeit
$Random(x)$	Zufallszahl aus (0,1)
$\bar{x}$	Mittelwert
σ	Streuung
$\overline{\Delta x^2}$	mittleres Quadrat
H	Hochzahl, die die faktale Dimension bestimmt
F_D	größter Durchmesser eines fraktalen Teilchens
λ_t	Maß für Umfangsmessung
U_i	Umfang
$M(r)$	Anzahl der Teilchen innerhalb Radius r

2. Wo leben unsere Fraktale?

In diesem Buch lassen wir die Fraktale im zweidimensionalen Raum $\mathbb{R}^2$ und in der komplexen Zahlenebene $\mathbb{C}$ leben. Ein Raum ist eine Menge. Ein Element oder Punkt von $\mathbb{R}^2$ hat zwei Koordinaten: die reellen Zahlen $x_1, x_2 \in \mathbb{R}$, ein Element z aus $\mathbb{C}$; $x, y \in \mathbb{R}$, $z = x + iy$; $i = \sqrt{-1}$.

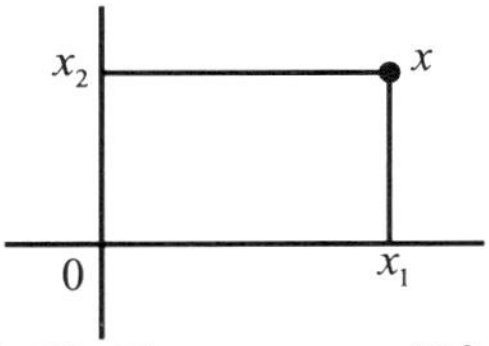

Bild 1: Ein Element x aus $\mathbb{R}^2$

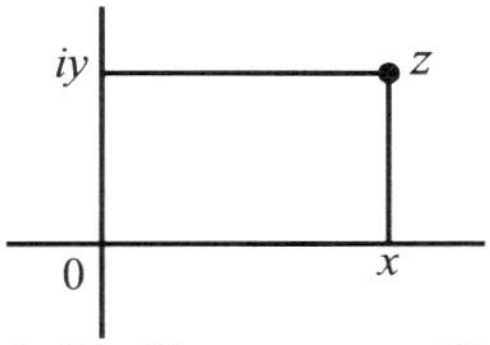

Bild 2: Ein Element z aus $\mathbb{C}$

Für die Fraktale brauchen wir metrische Räume. Einem metrischen Raum ist eine reellwertige Funktion zugeordnet. Zwei Elementen ordnet diese Funktion eine Distanz d zu. d muß folgende Axiome erfüllen:

a) $d(x,y) = d(y,x) \ \forall x, y \in \mathbb{X}$
   Die Distanz zwischen x und y ist gleich der zwischen y und x für alle x,y aus dem Raum $\mathbb{X}$
b) $0 < d(x,y) < \infty \quad \forall x, y \in \mathbb{X}, x \neq y$
c) $d(x,x) = 0 \quad \forall x \in \mathbb{X}$
d) $d(x,y) \leq d(x,z) + d(z,y) \quad \forall x \in \mathbb{X}$ (Dreiecksungleichung)

Den metrischen Raum $\mathbb{X}$ bezeichnen wir als $(\mathbb{X},d)$. Wir wählen die euklidische Norm.

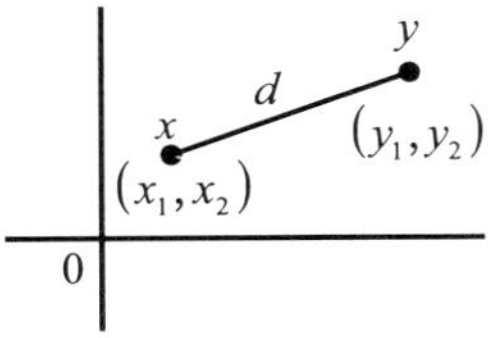

Bild 3:
$$d(x,y) = \sqrt{(x_1 - y_1)^2 - (x_2 - y_2)^2}$$

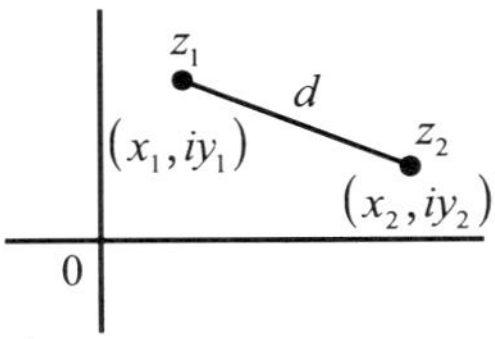

Bild 4:
$$d(z_1,z_2) = \sqrt{(x_1 - x_2)^2 + (y_1 - y_2)^2}$$

3. Cauchy-Folgen von Punkten, abgeschlossene Mengen und vollständige metrische Räume

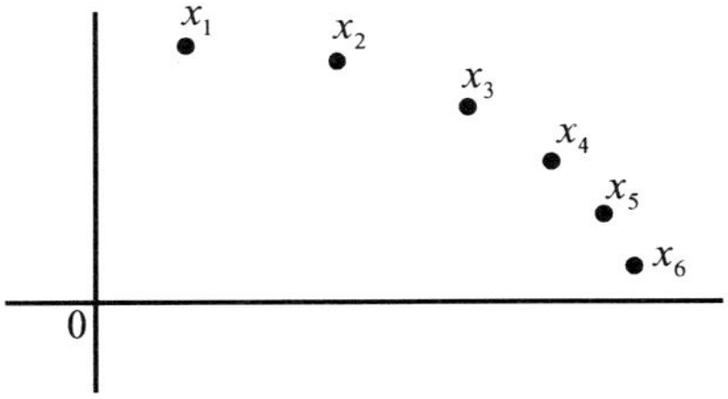

Bild 5: Eine Folge von Punkten

> Eine Folge $(x_n)_{n=1}^{\infty}$ von Punkten in einem metrischen Raum nennen wir Cauchy-Folge, wenn es für jede Zahl $\varepsilon > 0$ eine natürliche Zahl N gibt, so daß
>
> $$d(x_n, x_m) < \varepsilon \text{ für alle } n, m > N.$$

Bei Fortschreiten der Folge rücken die Punkte immer weiter zusammen.

Wenn für ein x

$$d(x_n, x) < \varepsilon \text{ für alle } n > N,$$

das heißt, wenn bei Fortschreiten der Folge die Punkte beliebig nahe an x heranrücken, ist x der Grenzwert der Folge. Wir schreiben dann

$$x = \lim_{n\to\infty} x_n \text{ und sagen } (x_n)_{n=1}^{\infty} \text{ konvergiert gegen } x.$$

Jede Folge $(x_n)_{n=1}^{\infty}$ in einem metrischen Raum X die zu einem Punkt $x \in (\mathbb{X}, d)$ konvergiert, ist eine Cauchy-Folge.

Beispiel: Die Folge $\left[x_n = \left(\frac{1}{n}, \frac{1}{n}\right)\right]_{n=1}^{\infty}$ konvergiert gegen $x = (0{,}0)$.

Wenn jede Cauchy-Folge $(x_n)_{n=1}^{\infty}$ in einem metrischen Raum $(\mathbb{X}, d)$ einen Grenzwert $x \in \mathbb{X}$ hat, ist der Raum vollständig. Liegen alle Grenzwerte im Raum, so heißt dieser abgeschlossen.

Wenn $\mathbb{Y} \subset \mathbb{X}$ eine Teilmenge eines metrischen Raumes $(\mathbb{X}, d)$ ist und jede Teilfolge in $\mathbb{Y}$ einen Grenzwert in $\mathbb{Y}$ hat, dann ist $\mathbb{Y}$ kompakt.

$\mathbb{X} = \mathbb{R}$, $\mathbb{Y} = [0{,}1]$

$\left[X_n = \frac{1}{n}\right]_{n=0}^{\infty}$ → Grenzwert 0

Teilfolgen sind $X'_n = \frac{1}{n^2}$ Grenzwert 0 in Y

$X''_n = \frac{1}{n^3}$ Grenzwert 0 in Y

Eine Teilmenge $\mathbb{Y} \subset (\mathbb{X}, d)$ ist beschränkt, wenn ein Punkt x_0 aus X und eine natürlische Zahl M existiert, sodaß $d(x_0, x) < M \ \forall X \in \mathbb{Y}$. Alle Punkte x haben dann von x_0 kleinere Abstände als M.

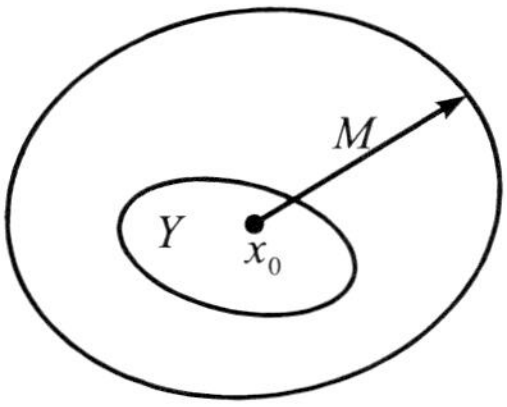

Bild 6: Beschränkte Menge

$\mathbb{Y}$ ist vollständig beschränkt, wenn für jedes $\varepsilon > 0$ eine endliche Anzahl von Punkten existiert $\{t_1, t_2 \ldots t_n\} \subset \mathbb{Y}$, so daß für alle $x \in \mathbb{Y}, d(x, t_j) < \varepsilon$ für einige $t_j \in \{t_1 \ldots . t_n\}$.

$\mathbb{Y}$ ist dann und nur dann kompakt, wenn es abgeschlossen und vollständig beschränkt ist.

Wir definieren jetzt den Raum aller kompakten Untermengen in $(\mathbb{X},d)$, ausgeschlossen die leere Menge. Wir bezeichnen diesen Raum mit $\mathbb{K}(X)$.

Die Elemente dieses Raumes sind alle Schwarz-Weiß-Bilder. Wenn L und M Elemente von $\mathbb{K}(X)$ sind, ist auch deren Vereinigungsmenge Element von $\mathbb{K}(X)$.

$$L \cup M \in \mathbb{K}(\mathbb{X}) \; \forall L, M \in \mathbb{X}$$

Der Raum der kompakten Untermengen braucht noch eine Metrik.

Abstand eines Punktes von einer Menge $A \in \mathbb{K}(X)$ in einem vollständigen metrischen Raum $(\mathbb{X},d)$

$$d(x,A) = Min\{d(x,y): y \in A\}$$

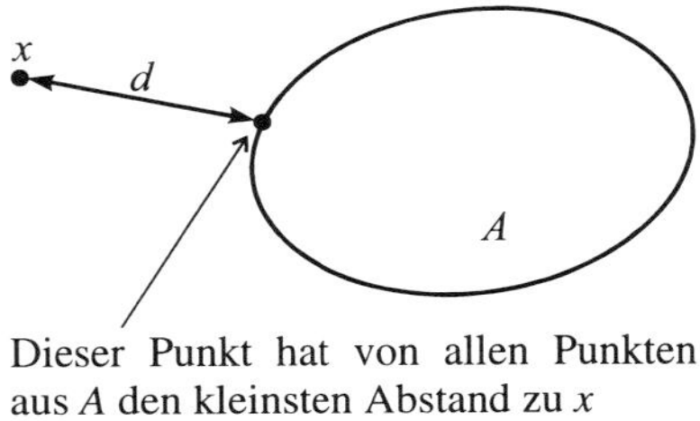

Bild 7: Abstand des Punktes x von der Menge A

In einem vollständigen metrischen Raum wollen wir den Abstand von A zu B bestimmen $A, B \in \mathbb{K}(X)$

$$d(A,B) = Max\{d(x,B) : x \in A\}$$

Wir suchen aus allen Abständen von Punkten aus A zu Menge B den größten aus.

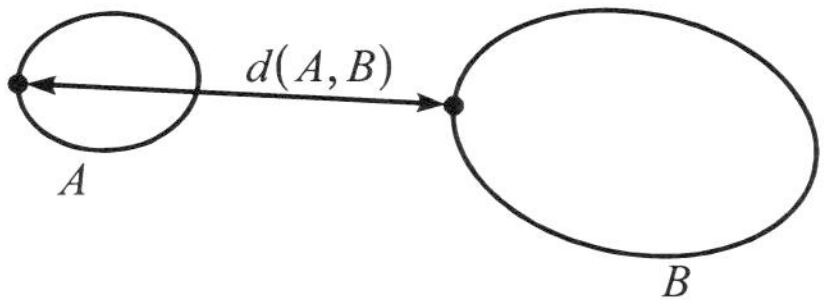

Bild 8: Größter Abstand von einem Element A zu B
Man beachte, daß $d(A,B)$ im allgemeinen nicht gleich $d(B,A)$ ist.

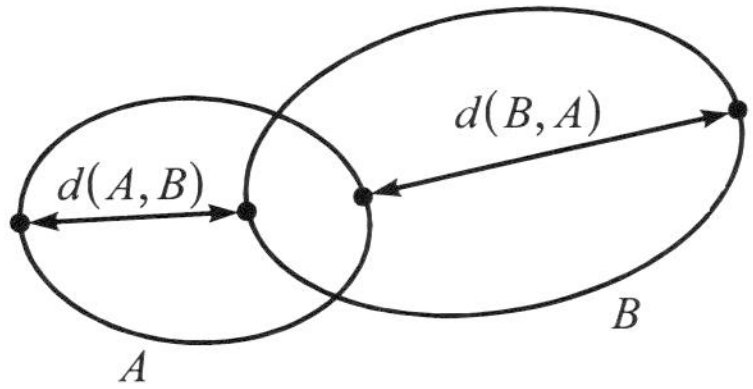

Bild 9: Die Abstände A zu B und B zu A

Hausdorff-Abstand zwischen den Mengen A und $B \in \mathbb{K}(X)$:

$$h(A,B) = Max\{d(A,B), d(B,A)\}$$

$(\mathbb{K}(X), h)$ ist damit ein metrischer Raum.

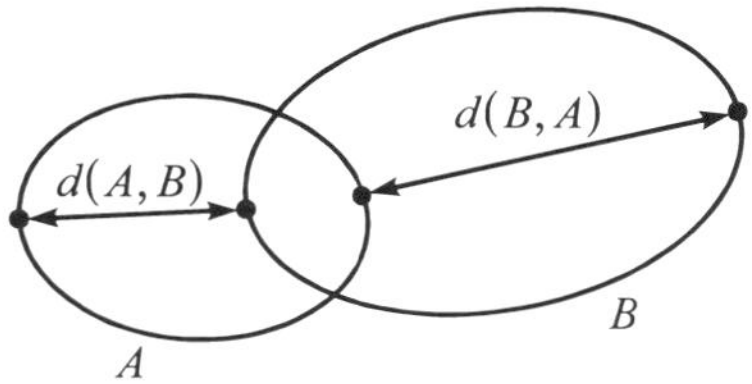

Bild 10: $h(A,B)=d(B,A)$

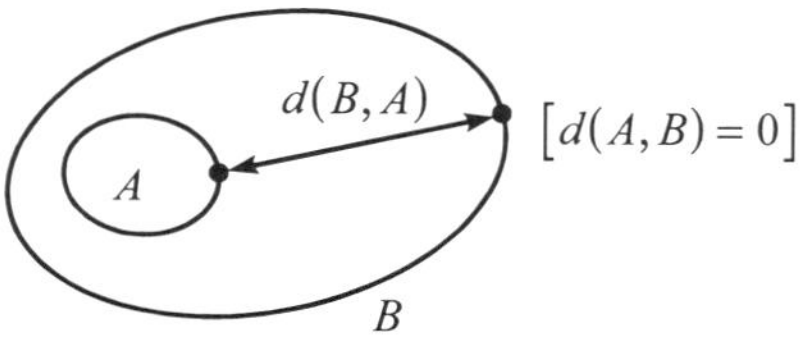

Bild 11: $h(A,B)=d(B,A)$

$h(A,B)$ ist dann und nur dann = 0, wenn $A = B$.

Um eine Cauchy-Folge von Mengen in $(\mathbb{K}(X),h)$ zu erklären, definieren wir eine Erweiterung einer Menge $A \in \mathbb{K}(X)$ mit $\varepsilon > 0 \in \mathbb{R}$.

$A+\varepsilon=\{Y \in X{:}d(x,y) \leq \varepsilon\}$ für einige $x \in A$,

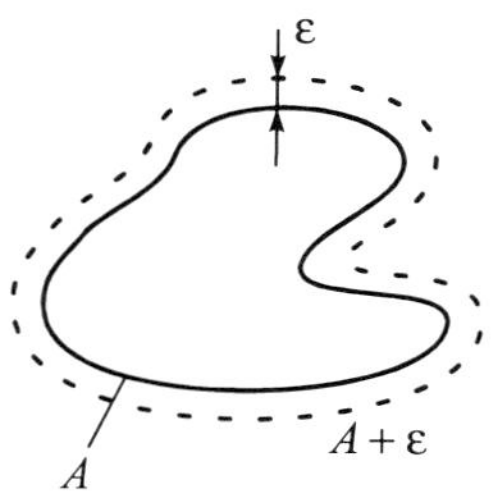

Bild 12: Erweiterung einer Menge A

dann bedingt $h(A,B) \leq \varepsilon \Leftrightarrow A \subset B+\varepsilon$ und $B \subset A+\varepsilon$ und umgekehrt.

Bei einer Cauchy-Folge $\{A_n \in \mathbb{K}(x)\}_{n=1}^{\infty}$ existiert für jedes $\varepsilon > 0$ ein $N \in \mathbb{N}$,so daß $n, m \geq N$ $A_n + \varepsilon \supset A_m$ und $A_m + \varepsilon \supset A_n$ bedingt.

> Wenn $(\mathbb{X}, d)$ ein vollständiger metrischer Raum ist, dann ist $(\mathbb{K}(X), h)$ ein vollständiger metrischer Raum.

Wenn dann $\{A_n \in \mathbb{K}(X)\}_{n=1}^{\infty}$ eine Cauchy-Folge ist, dann ist $A = \lim_{n \to \infty} A_n \in \mathbb{K}(X)$, wobei $A = \{x \in X$ und die Cauchy-Folge $x_n \in A_n$ gegen x konvergiert $\}$.

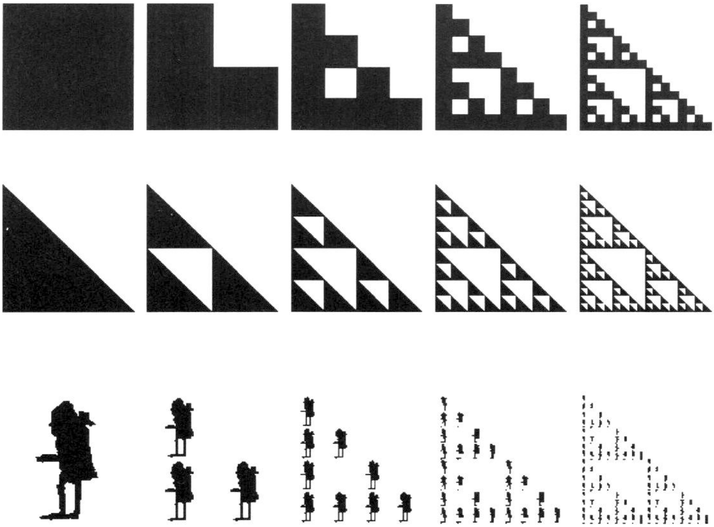

Bild 13: Drei Beispiele für Cauchy-Folgen im Raum $\mathbb{K}(\mathbb{R}^2)$. Drei verschiedene Punkte (Schwarz-Weiß-Bilder) im $\mathbb{K}(\mathbb{R}^2)$ konvergieren gegen den selben Punkt (Schwarz-Weiß-Bild). (Es werden nur die ersten 4 Schritte gezeigt.)

Das sind schon fast Fraktale - aber wie sie entstanden, kommt später.

4. Iterationen

Was Rechner besonders gut können, ist immer das Gleiche machen. Das ist der Hauptgrund, warum Fraktale soviel mit Rechnern zu tun haben.

Wir betrachten die Formel

$$x_{n+1} = f(x_n).$$

Sie besagt, daß $x_n \in \mathbb{R}$ durch die Funktion f auf x_{n+1} transformiert wird. Dann wird x_{n+1} auf der rechten Seite eingesetzt und mit $f(x_{n+1})$ x_{n+2} errechnet usf.

$$\begin{aligned} x_1 &= f(x_0) \\ x_2 &= f(x_1) \\ x_3 &= f(x_2) \\ &\vdots \end{aligned}$$

Die Iterationen erzeugen eine Folge von Werten; eine Wanderung im metrischen Raum

Das Interessante an der Iteration besteht nun darin, daß auch sehr einfache Funktionen f sehr komplexe Wanderungen der Punktfolge erzeugen können.

Zuerst das Beispiel $x_{n+1} = \cos(x_n)$

Dann $x_{n+1} = x_n^{\,2}$

Den Verlauf der Iterationen sieht man am besten in einem Netzdiagramm. Dabei dient die Gerade $x = y$, um das Resultat einer Iteration wieder als Eingabe in die nächste Iteration einzubringen.

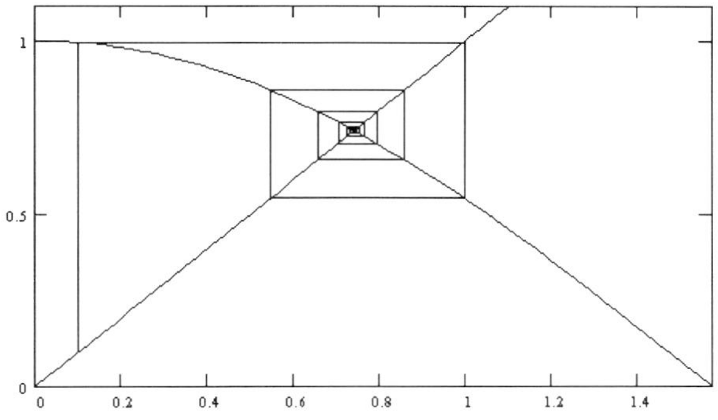

Bild 14: Das Netzdiagramm zur Iteration $x_{n+1} = \cos(x_n)$

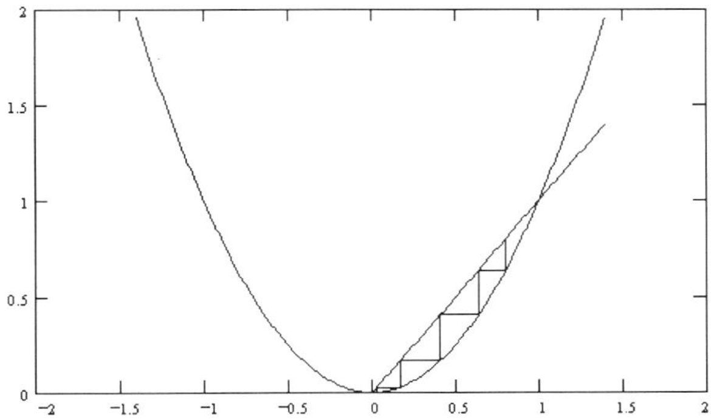

Bild 15: Das Netzdiagramm zur Iteration $x_{n+1} = x_n^2$

Beim Beispiel $f(x) = \cos(x)$ findet eine Konvergenz statt

$x =$ 0.100, 0.995, 0.544, 0.855, 0.656, 0.792, 0.702, 0.764, 0.722, 0.750, 0.732, 0.744, 0.736, 0.741, 0.738, 0.740, 0.738, 0.740, **0.739**, **0.739**, **0.739**, ...

da es so aussieht, als ob dieser Punkt alle anderen Punkte bei Iterationen von einem beliebigen Ausgangspunkt anzieht, nennen wir einen solchen Punkt Attraktor (Anzieher). Außerdem ist dieser Punkt ein Fixpunkt der Transformation, das heißt

$$x_f = f(x_f).$$

x_f bleibt bei weiteren Iterationen unverändert.

Das Beispiel $f(x) = x^2$ ist noch interessanter. $x = 0$ ist ein Fixpunkt und ein Attraktor für alle Anfangspunkte aus dem Intervall $(-1,1)$. Der Punkt 1 ist ein Fixpunkt, aber bei jeder noch so kleinen Abweichung von 1 treibt die Iteration die Folgepunkte entweder in Richtung 0 ($x < 1$) oder für $x > 1$ gegen ∞. Der Punkt 1 heißt darum Repeller (Abstoßer). Negative Werte von x werden bei der ersten Iteration positiv.

Nun wählen wir ein berühmtes Beispiel:
die logistische Gleichung:

$$x_{n+1} = \lambda x_n(1 - x_n); \quad x_n \in \mathbb{R},(0,1)$$

Diese Funktion unterscheidet sich von den vorherigen dadurch, daß sie von einem Parameter λ abhängt, dessen Werte einen außerordentlichen Einfluß auf das Resultat haben.

Für $\lambda = 2$ und $x_0 = 0.1$ konvergiert die Folge gegen $x_f = \frac{1}{2}$, der Anfangspunkt x_0 wurde willkürlich gewählt.

Für $\lambda = 3.2$, $x_0 = 0.1$ besteht der Attraktor aus zwei Punkten, deren Werte nicht von x_0 abhängen (Periode 2).

Für $\lambda = 3.5$, $x_0 = 0.1$ aus 4 Punkten (Periode 4).

Bei steigenden Werten von λ findet bei gewissen Werten eine Verdopplung der Attraktorpunkte statt.

Bei $\lambda = 3.6$, $x_0 = 0.1$ passiert etwas Unerwartetes. Der Attraktor wird völlig unüberschaubar, wir spüren Chaos. Was dies genauer sein soll kommt später.

Bild 16: Netzdiagramm für die logistische Gleichung

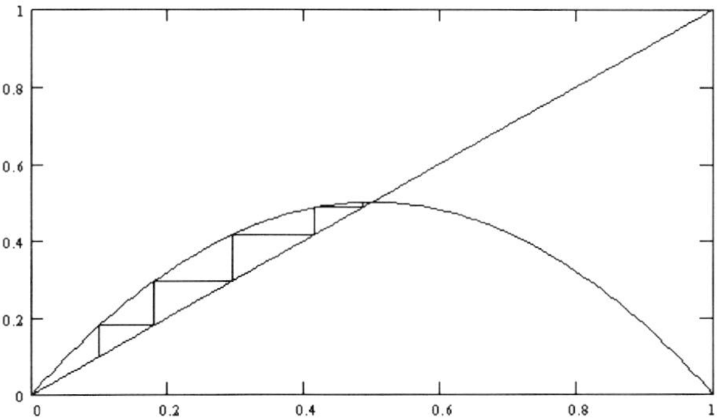

a) $\lambda = 2;\ x_0 = 0.1$

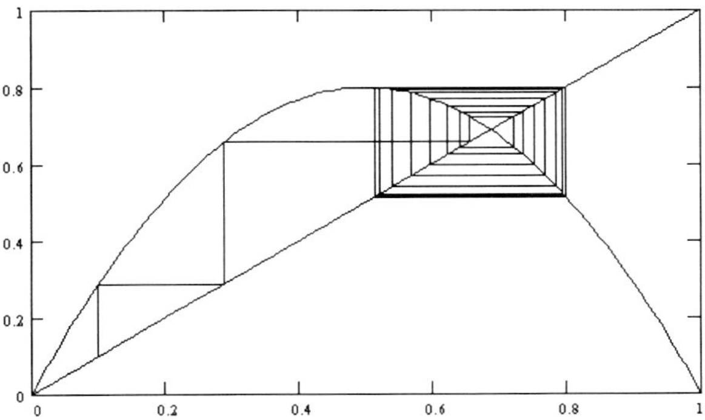

b) $\lambda = 3.2;\ x_0 = 0.1$

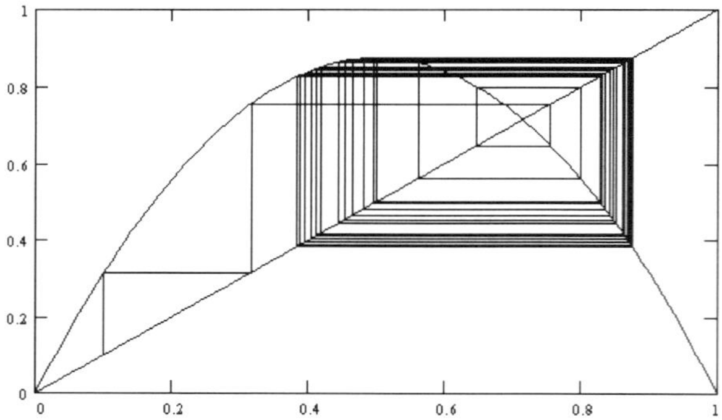

c) $\lambda = 3.5;\ x_0 = 0.1$

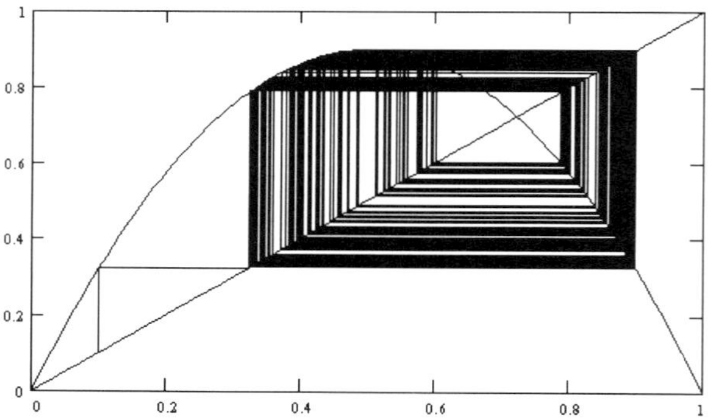

d) $\lambda = 3.6;\ x_0 = 0.1$

Einige Zahlenreihen zeigen die Wertefolge für bestimmte λ nach vielen Iterationen (**Attraktor**).

a) $\lambda = 2;\ x_0 = 0.1$
0.100 0.180 0.295 0.416 0.486 **0.500 0.500 0.500....**

b) $\lambda = 3.2;\ x_0 = 0.1$
0.100 0.288 0.656 0.722 0.642 0.735 0.623 0.752 0.598 0.770 0.567 0.785 0.539 0.795 0.521 0.799 0.515 **0.799 0.513 0.799 0.513 0.799 0.513....**

c) $\lambda = 3.5;\ x_0 = 0.1$
0.100 0.315 0.755 0.647 0.799 0.561 0.862 0.417 0.851 0.444 0.864 0.411 0.847 0.453 0.867 0.403 0.842 0.466 0.871 0.394 0.835 0.481 0.874 0.386 0.830 0.495 0.875 0.383 0.827 0.500 **0.875 0.383 0.827 0.501 0.875 0.383 0.827 0.501 0.875 0.383 0.827 0.501 0.875 0.383 0.827 0.501....**

d) $\lambda = 3.6;\ x_0 = 0.1$
0.100 0.324 **0.788 0.600 0.864 0.424 0.879 0.383 0.850 0.458 0.894 0.342 0.810 0.553 0.890 0.353 0.822 0.527 0.897 0.331 0.798 0.581 0.876 0.390 0.856 0.443 0.888 0.358 0.827 0.515 0.899 0.326 0.791 0.594 0.868 0.412 0.872 0.401 0.865 0.421 0.878 0.387 0.854 0.449 0.891 0.351 0.820 0.532 0.896 0.335 0.802 0.573 0.881 0.377 0.846 0.470 0.897 0.334 0.800 0.575 0.879 0.382 0.849 0.460 0.894 0.340 0.808 0.558 0.888 0.359 0.828 0.513 0.899 0.326 0.791 0.596 0.867 0.416 0.874 0.395 0.861 0.432 0.883 0.371 0.840 0.484 0.899 0.327 0.792 0.593 0.869 0.411 0.871 0.404 0.867 0.416 0.875 0.395 0.860 0.433 0.884 0.370....**

Nun zeigen wir die Attraktoren als Funktion von λ (Feigenbaumdiagramm).

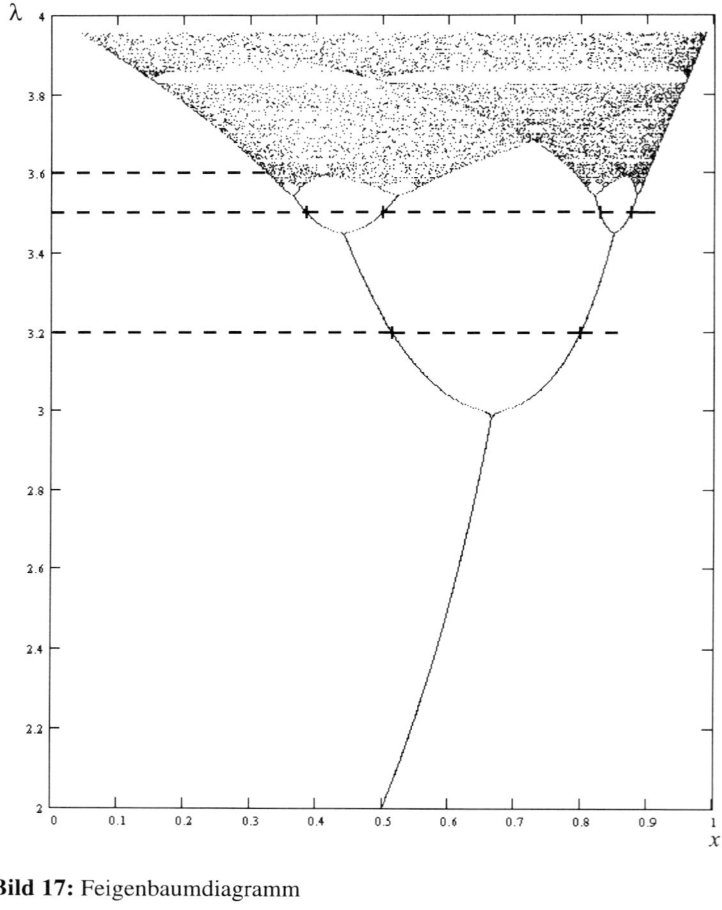

Bild 17: Feigenbaumdiagramm

5. Transformationen

Wir können Iterationen natürlich auch auf Punkte im $\mathbb{R}^2$ oder $\mathbb{C}$ anwenden. Um dies vorzubereiten, müssen wir uns etwas eingehender mit Transformationen beschäftigen.

> Für einen metrischen Raum $(\mathbb{X},d)$ ist eine Transformation als eine Funktion definiert, die jedem Punkt $x \in \mathbb{X}$ genau einen Punkt $f(x) \in \mathbb{X}$ zuordnet. Wenn $A \in \mathbb{X}$, dann ist $f(A) = \{f(x): x \in A\}$.
>
> Wenn für je zwei $x, y \in \mathbb{X}$ $f(x) = f(y) \rightarrow x = y$ bedingt, nennen wir die Transformation ein-eindeutig.
>
> Wenn eine Transformation ein-eindeutig ist und $\mathbb{X}$ auf sich selbst abbildet, $f(\mathbb{X}) = \mathbb{X}$, dann ist sie umkehrbar, und es existiert die inverse Transformation f^{-1}. $f^{-1}(y) = x$ für $x \in \mathbb{X}$, so daß $y = f(x)$.

Dazu einige Beispiele:

$f(x) = 3x \quad x \in \mathbb{R}$

Die Transformation ist ein-eindeutig und bildet $\mathbb{R}$ auf $\mathbb{R}$ ab. Damit ist sie umkehrbar.

$f^{-1}(x) = \frac{1}{3}x$

$f(x) = 2x(1-x)$ bildet das Intervall $(0,1)$ in sich ab. Aber mit Ausnahme des Punktes $x = \frac{1}{2}$ gibt jedes $f(x)$ x_1 und x_2 und daher ist die Transformation nicht ein-eindeutig.

Wir kommen zur Ähnlichkeitstransformation im $\mathbb{R}^2$. Diese stellt eine Transformation $\mathbb{R}^2 \rightarrow \mathbb{R}^2$ dar, bei der eine Drehung, Größenveränderung und Verschiebung stattfindet.

$$w_1\begin{pmatrix} x_1 \\ x_2 \end{pmatrix} = \begin{pmatrix} r\cdot\cos\varphi & -r\cdot\sin\varphi \\ r\cdot\sin\varphi & r\cdot\cos\varphi \end{pmatrix} \cdot \begin{pmatrix} x_1 \\ x_2 \end{pmatrix} + \begin{pmatrix} e \\ f \end{pmatrix}$$

$$\left.\begin{array}{l} x_1\cdot r\cdot\cos\varphi - x_2\cdot r\cdot\sin\varphi + e = w_1(x_1) \\ x_1\cdot r\cdot\sin\varphi - x_2\cdot r\cdot\cos\varphi + f = w_1(x_2) \end{array}\right\} \begin{array}{l}\text{neue Koordinaten} \\ \text{von } x_1, x_2\end{array}$$

$$w_2\begin{pmatrix}x_1\\x_2\end{pmatrix}=\begin{pmatrix}r\cdot\cos\varphi & r\cdot\sin\varphi\\ r\cdot\sin\varphi & -r\cdot\cos\varphi\end{pmatrix}\cdot\begin{pmatrix}x_1\\x_2\end{pmatrix}+\begin{pmatrix}e\\f\end{pmatrix}$$

Dabei bestimmt r die Größenänderung, φ den Drehwinkel und $\begin{pmatrix}e\\f\end{pmatrix}$ die Verschiebung.

Spezialfälle sind die reine Drehung um φ.

$$w_\varphi\begin{pmatrix}x_1\\x_2\end{pmatrix}=\begin{pmatrix}\cos\varphi & -\sin\varphi\\ \sin\varphi & \cos\varphi\end{pmatrix}\cdot\begin{pmatrix}x_1\\x_2\end{pmatrix}$$

und die Spiegelung.

$$w_S\begin{pmatrix}x_1\\x_2\end{pmatrix}=\begin{pmatrix}1 & 0\\ 0 & -1\end{pmatrix}\cdot\begin{pmatrix}x_1\\x_2\end{pmatrix}$$

Beispiele zur Ähnlichkeitstransformation siehe Bild 19 auf Seite 31.

Wenn wir eine Transformation graphisch gegeben haben, können wir aus einer entsprechenden Anzahl von Punkten die Transformationsparameter durch Lösung der entsprechenden Gleichungen bestimmen.

Eine Verallgemeinerung der Ähnlichkeitstransformation ist die affine Transformation

$$w\begin{pmatrix}x_1\\x_2\end{pmatrix}=\begin{pmatrix}a & b\\ c & d\end{pmatrix}\cdot\begin{pmatrix}x_1\\x_2\end{pmatrix}+\begin{pmatrix}e\\f\end{pmatrix}$$

Sie bildet Parallelogramme auf Parallelogramme ab und dreht, streckt, verschiebt, wobei die Streckung im allgemeinen zu einer Verzerrung der Ausgangsform führt. Die Ähnlichkeitstransformation ist ein Sonderfall der affinen Transformation.

Wenn die Determinante $\begin{vmatrix}a & b\\ c & d\end{vmatrix}=a\cdot d-b\cdot c\neq 0$, dann ist die Transformation umkehrbar.
Beispiele zur affinen Transformation siehe Bild 20 auf Seite 31.

Man beachte, daß $Fläche\, w(A)=|a\cdot d-b\cdot c|\cdot Fläche(A)$; ist der Wert der Determinante < 0, so wird A umgedreht.

Kontraktionstransformation:
(Kontrahieren = Zusammenziehen)

Wir nennen eine Transformation $f: \mathbb{X} \to \mathbb{X}$ auf dem metrischen Raum $(\mathbb{X}, d)$ kontraktiv, wenn eine Konstante $0 \leq s < 1$ existiert, so daß

$$d(f(x), f(y)) \leq s \cdot d(x, y) \quad \forall x, y \in \mathbb{X}$$

(s ist der Verkleinerungsfaktor)

Für jede Kontraktionstransformation $f: \mathbb{X} \to \mathbb{X}$ auf einem vollständigen Raum $(\mathbb{X}, d)$ existiert genau ein Fixpunkt $x_f \in \mathbb{X}$ und jeder Punkt $x \in \mathbb{X}$ konvergiert bei iterativer Anwendung der Funktion f zu x_f.

$$x_{n+1} = f(x_n)$$

führt bei fortgesetzter Iteration für jedes $x_0 \in \mathbb{X}$ zu

$x_f = f(x_f)$ (Fixpunkt).

Beispiel:

Bild 18: Transformationen auf einen Punkt

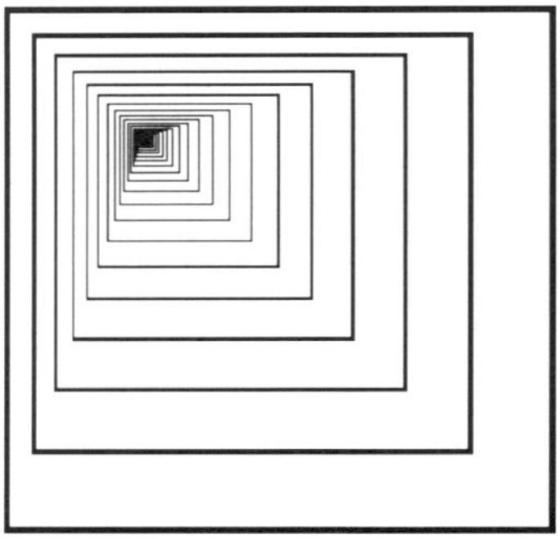

a) $w_1\begin{pmatrix} x \\ y \end{pmatrix} = \begin{pmatrix} 0.8 & 0 \\ 0 & 0.8 \end{pmatrix} \cdot \begin{pmatrix} x \\ y \end{pmatrix} + \begin{pmatrix} 0.05 \\ 0.05 \end{pmatrix}$

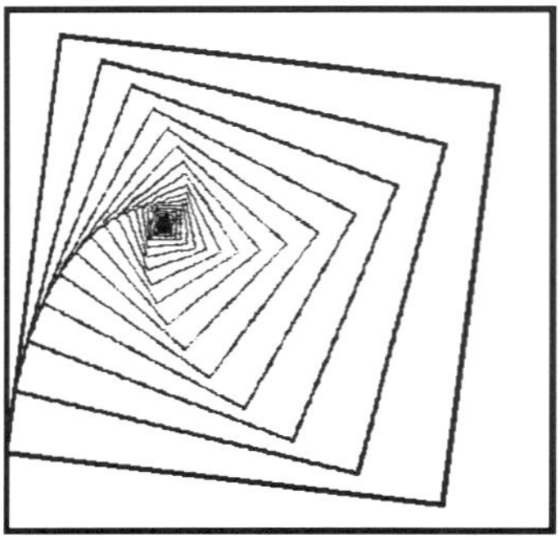

b) $w_1\begin{pmatrix} x \\ y \end{pmatrix} = \begin{pmatrix} 0.8 & -0.1 \\ 0.1 & 0.8 \end{pmatrix} \cdot \begin{pmatrix} x \\ y \end{pmatrix} + \begin{pmatrix} 0.1 \\ 0.05 \end{pmatrix}$

Bild 19: Einige Beispiele zur Ähnlichkeitstransformation.

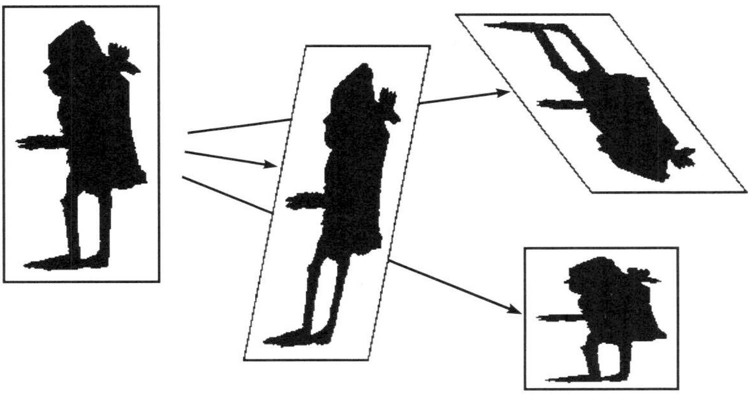

Bild 20: Einige Beispiele zur affinen Transformation.

6. Iterierte Funktionensysteme (IFS)

Jetzt stehen wir an der Schwelle zu den Fraktalen. w sei eine Kontraktionstransformation auf dem metrischen Raum $(\mathbb{X},d)$. Dann transformiert w $\mathbb{K}(\mathbb{X})$ auf sich selbst.

Wenn s der Verkleinerungsfaktor ist, dann ist

$$w(A) = \{w(x) : x \in A\} \ \forall A \in \mathbb{K}(x).$$

Die Transformation w transformiert ein Element A aus $\mathbb{K}(x)$ (ein Schwarz-Weiß-Bild) in ein Element $w(A)$ aus $\mathbb{K}(x)$ (ein kleineres Schwarz-Weiß-Bild).

Die Transformation

$$w(k) = w_1(k) \cup w_2(k) \cup \ . \ . \ . \ \cup w_n(k) \quad k \in \mathbb{K},$$

die die Vereinigungsmenge aller Transformationen $w_1, w_2 \ldots . w_n$ bildet, ist eine Kontraktionstransformation auf $(\mathbb{K},h)$, wenn w_1 einen Verkleinerungsfaktor s_1 hat,

$$w_2, s_2; w_3, s_3; \ . \ . \ . \ w_N, s_N; \ \mathrm{N} \in \mathbb{N}$$

Der Verkleinerungsfaktor für w ist dann $Max\{s_n : n = 1..N\}$

Wir bezeichnen diese Transformation als iteriertes Funktionensystem.

Wenn $w(k) = \bigcup_{n=1}^{N} w_n(k)$ für $k \in (\mathbb{K}, h)$,dann ist
$h(w(k_1), w(k_2)) \leq s \cdot h(k_1, k_2)$ (der Hausdorff-Abstand wird kleiner)
und der Fixpunkt aus $\mathbb{K}$ ist dann
$A = w(A) = \bigcup_{n=1}^{N} w_n(A)$ (der Fixpunkt ist die Menge A)
als Grenzwert der fortgesetzten Iterationen $(K_0, K_1, K_2 \ldots .)$ mit $w(k)$.
A ist der Attraktor des IFS, K_0 die Anfangsmenge.

Die Mengen A_j für IFS_j sind Fraktale. Die Form der Fraktale wird durch das IFS bestimmt und nicht durch die Menge, die wir am Anfang der Iteration einsetzen.

Jetzt folgen Beispiele

a) $((\mathbb{X},d) = \mathrm{I\!R}$, Euklidisch) und $((\mathrm{I\!K}(\mathrm{I\!R}), h$(Hausdorff))
$\mathrm{IFS}\{R; w_1(x) = \frac{1}{3}x, w_2(x) = \frac{1}{3}x + \frac{2}{3}\}$;
damit ist $s = \frac{1}{3}$ K_0 sei $[0,1]$.
Wir erhalten die Cantormenge auf $\mathrm{I\!R}$

Bild 21: Die ersten 6 Iterationen der Cantormenge

b)

$$\mathrm{IFS}\left\{\mathrm{I\!R}^2; w_1\begin{pmatrix} x \\ y \end{pmatrix} = \begin{pmatrix} 0.5 & 0 \\ 0 & 0.5 \end{pmatrix} \cdot \begin{pmatrix} x \\ y \end{pmatrix},\right.$$

$$w_2\begin{pmatrix} x \\ y \end{pmatrix} = \begin{pmatrix} 0.5 & 0 \\ 0 & 0.5 \end{pmatrix} \cdot \begin{pmatrix} x \\ y \end{pmatrix} + \begin{pmatrix} 0.5 \\ 0 \end{pmatrix},$$

$$\left. w_3\begin{pmatrix} x \\ y \end{pmatrix} = \begin{pmatrix} 0 & -0.5 \\ 0.5 & 0 \end{pmatrix} \cdot \begin{pmatrix} x \\ y \end{pmatrix} + \begin{pmatrix} 1 \\ 0.5 \end{pmatrix}\right\}$$

$K_0 = \{(x,y) \in \mathrm{I\!R}^2, 0 \le x \le 1,\ 0 \le y \le 1\}$ dann mit
$K_0 = \{(x,y) \in \mathrm{I\!R}^2, 0 \le x \le 1,\ y > 0,\ y \le 1 - x\}$

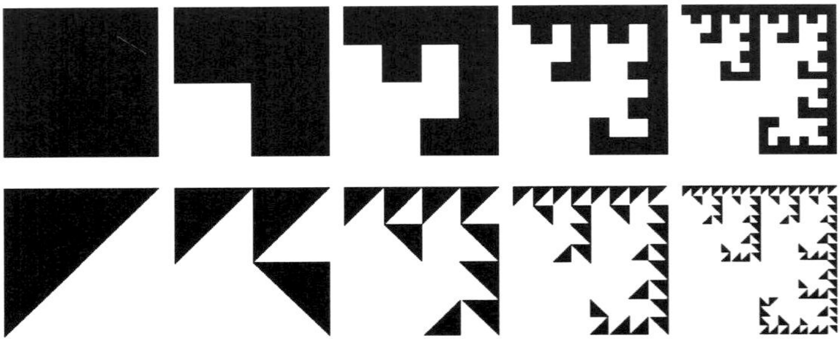

Bild 22: Vier Anwendungen des IFS b) mit zwei verschiedenen Anfangsmengen K_0

Bei allen Beispielen hängt die Form des Attraktors nicht von der Anfangsmenge K_0 ab.

Bei allen bisherigen Beispielen haben wir bei jeder Iteration die Menge K_n allen Transformationen $w_1, w_2, w_3 .... w_n$ auf einmal unterworfen, um K_{n+1} zu erhalten. Dieses Verfahren ist sehr zeitraubend und umständlich.

Es gibt ein besseres Verfahren, das wir in Zukunft verwenden, aber erst später erklären, auf welchen Voraussetzungen der Algorithmus sich gründet.

Der Algorithmus der zufälligen Iteration:

Beim IFS legen wir zusätzlich Wahrscheinlichkeiten $p_1, p_2 ... p_n$ fest. Wir beginnen die Iteration mit einem Punkt in $\mathbb{R}^2$ oder $\mathbb{C}$ und würfeln dann welche Transformation $w_i (i = 1..N)$ wir anwenden; entsprechend den Wahrscheinlichkeiten p_i wobei $\sum_{i=1}^{N} p_i = 1$ ist. (p_i >0)
Nach einer Folge von Anfangspunkten entsteht der Attraktor flirrend wie von Zauberhand.

Beispiele im $\mathbb{R}^2$:

a)

$$w_1\begin{pmatrix} x \\ y \end{pmatrix} = \begin{pmatrix} 0.5 & 0 \\ 0 & 0.5 \end{pmatrix} \cdot \begin{pmatrix} x \\ y \end{pmatrix} \qquad p_1 = 0.33$$

$$w_2\begin{pmatrix} x \\ y \end{pmatrix} = \begin{pmatrix} 0.5 & 0 \\ 0 & 0.5 \end{pmatrix} \cdot \begin{pmatrix} x \\ y \end{pmatrix} + \begin{pmatrix} 0 \\ 0.5 \end{pmatrix} \qquad p_2 = 0.33$$

$$w_3\begin{pmatrix} x \\ y \end{pmatrix} = \begin{pmatrix} 0.5 & 0 \\ 0 & 0.5 \end{pmatrix} \cdot \begin{pmatrix} x \\ y \end{pmatrix} + \begin{pmatrix} 0.5 \\ 0.5 \end{pmatrix} \qquad p_3 = 0.34$$

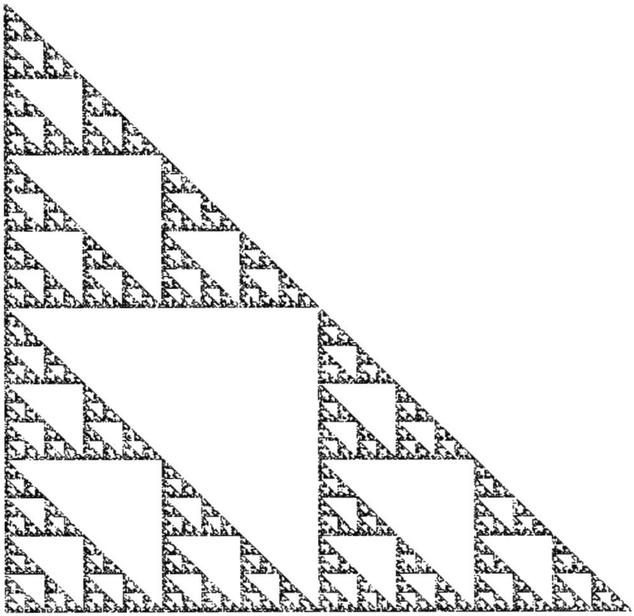

Bild 23: Das Sierpinski-Dreieck

b)

$$w_1\begin{pmatrix}x\\y\end{pmatrix}=\begin{pmatrix}0 & 0\\0 & 0.16\end{pmatrix}\cdot\begin{pmatrix}x\\y\end{pmatrix} \qquad p_1=0.01$$

$$w_2\begin{pmatrix}x\\y\end{pmatrix}=\begin{pmatrix}0.85 & 0.04\\-0.04 & 0.85\end{pmatrix}\cdot\begin{pmatrix}x\\y\end{pmatrix}+\begin{pmatrix}0\\1.6\end{pmatrix} \quad p_2=0.85$$

$$w_3\begin{pmatrix}x\\y\end{pmatrix}=\begin{pmatrix}0.2 & -0.26\\0.23 & 0.22\end{pmatrix}\cdot\begin{pmatrix}x\\y\end{pmatrix}+\begin{pmatrix}0\\1.6\end{pmatrix} \quad p_3=0.07$$

$$w_4\begin{pmatrix}x\\y\end{pmatrix}=\begin{pmatrix}-0.15 & 0.28\\0.26 & 0.24\end{pmatrix}\cdot\begin{pmatrix}x\\y\end{pmatrix}+\begin{pmatrix}0\\0.44\end{pmatrix} \quad p_4=0.07$$

Bild 24: Der Farn

Die p_j sind so zu wählen, daß $p_i \approx \frac{|a_i d_i - b_i c_i|}{\sum_{i=1}^{N} |a_i d_i - b_i c_i|}$. Dies entspricht den Flächenverkleinerungen bei den einzelnen Transformationen gegenüber der Flächensumme aller Transformationen.

Kondensationsmengen:

Zusätzlich zu den Transformationen eines iterierten Funktionensystems wollen wir eine neue Transformation definieren: w_0 transformiert jedes Element $X \in \mathbb{K}(X)$ in ein festes Element Q. Wir nennen w_0 eine Kondensations-Transformation.

Da alle Elemente mit einem bestimmten Hausdorff-Abstand auf dieselbe Menge Q abgebildet werden, ist der Hausdorff-Abstand von zwei transformierten Mengen Null, weil identische Mengen voneinander Abstand Null haben. Damit ist der Verkleinerungsfaktor $s_0 = 0$.

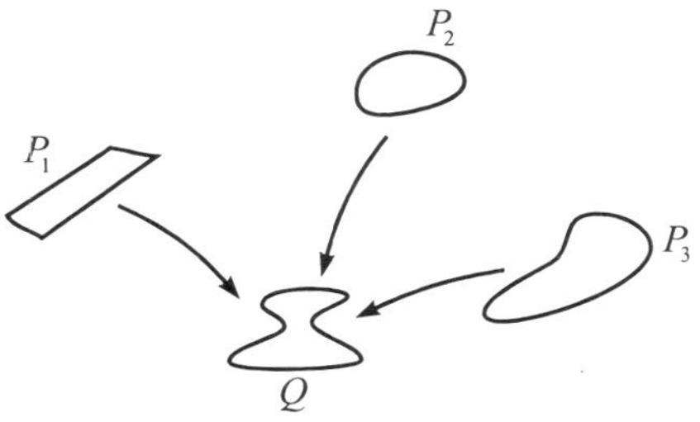

Bild 25: $h(w_0(P_1), w_0(P_2)) \le s_0 \cdot h(P_1, P_2) = 0$**;** somit ist $s_0 = 0$

Ein IFS unter Einschluß von w_0 nennen wir ein iteriertes Funktionensystem mit Kondensation.

Das IFS ist eine Kontraktionsabbildung und besitzt einen Fixpunkt $A \in \mathbb{K}(x)$

$$A = w(A) = w_0(A) \cup w_1(A) \cup \ . \ . \ . \ \cup w_n(A)$$
für jede Anfangsmenge A_0.

Die Wirkung von w_0 liegt darin, eine beliebige Menge Q wiederholt zu erzeugen, so daß sie und alle ihre Verkleinerungen zur Grenzwertmenge hinzukommen. Q in den Bildern 26 und 27 ist der größte Lichtenberg. Wenn wir w_0 anwenden, beginnen wir zufällig von einem seiner Punkte.

Bild 26: $w_1\begin{pmatrix}x\\y\end{pmatrix}=\begin{pmatrix}0.8 & 0\\0 & 0.8\end{pmatrix}\cdot\begin{pmatrix}x\\y\end{pmatrix}+\begin{pmatrix}2\\0\end{pmatrix}$

Bild 27: $w_1\begin{pmatrix}x\\y\end{pmatrix}=\begin{pmatrix}0.7 & 0.3\\0.3 & -0.7\end{pmatrix}\cdot\begin{pmatrix}x\\y\end{pmatrix}+\begin{pmatrix}2.9\\-2\end{pmatrix}$

Das Kollagentheorem:

Wir haben gesehen, daß ein IFS eine Grenzwertmenge liefert. Nun stellen wir die umgekehrte Frage, wir geben eine Grenzwertmenge vor und fragen nach den IFS-Transformationen, die diese (oder fast diese) erzeugen.

Das Kollagentheorem hilft uns, dieses Problem zu lösen. Für ein Element $K \in \mathbb{K}(x)$ auf einem metrischen Raum $(\mathbb{X},d)$ sei $\varepsilon \geq 0$ vorgegeben. Wenn wir ein IFS $\{X; w_0, w_1 \ . \ . \ . \ w_n\}$ mit Verkleinerungsfaktor $0 \leq s < 1$ finden, so daß

$$h\left(K, \bigcup_{n=0}^{N} w_n(K)\right) \leq \varepsilon \quad (h \text{ Hausdorff-Metrik})$$

Dann ist, weil A den Grenzwert der wiederholten Anwendung des IFS auf K darstellt,

$$h(K,A) \leq \varepsilon (1-s)^{-1} \quad A \text{ Attraktor des IFS;} \quad \frac{1}{1-s} = 1 + s + s^2 + \ldots . (s < 1)$$

und

$$h(K,A) \leq (1-s)^{-1} h\left(K, \bigcup_{n=0}^{N} w_n(K)\right) \text{ für alle } K \in \mathbb{K}(x)$$

> Kollagentheorem:
>
> Finden wir also Transformationen für eine Menge $K \in \mathbb{K}(x)$, so daß die Vereinigungsmenge der mit $w_0, w_1 \ . \ . \ . \ w_n$ transformierten Menge K etwa gleich K ist, dann bilden $w_0, w_1 \ . \ . \ . \ w_n$ das gesuchte IFS.

D.h. wenn wir eine Menge aus verkleinerten Versionen ihrer selbst zusammensetzen können, bilden die Verkleinerungstransformationen das gesuchte IFS.

Beispiele:

Bild 28: Fichte aus kleinen Fichten

Bild 29: Das Wort „FRAKTAL“ aus kleinen „FRAKTAL“-Wörtern

7. Dynamik auf Fraktalen

Wir wollen uns zuerst mit Adressen von Punkten auf Fraktalen beschäftigen. Dazu betrachten wir das Sierpinski-Dreieck.

Die Transformation w_1 des zugehörigen IFS

w	a	b	c	d	e	f
1	½	0	0	½	1	1
2	½	0	0	½	1	½
3	½	0	0	½	½	½

bildet den Attraktor auf das Dreieck 1 ab, w_2 bzw w_3 auf die Dreiecke 2 bzw 3.

Eine nochmalige Anwendung der w_1 Transformation führt auf 11.

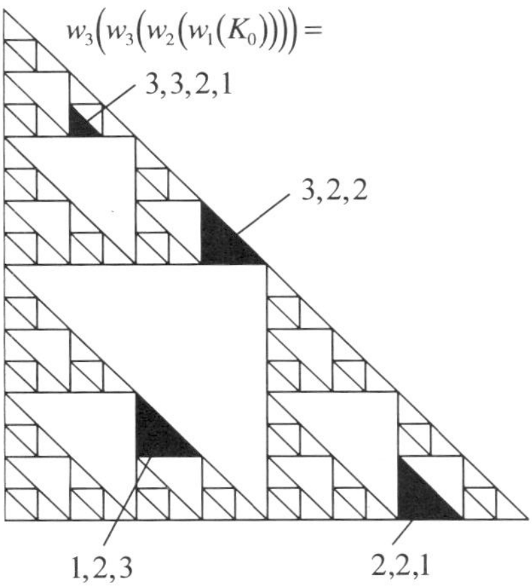

Bild 30: Adreßfolgen für Dreiecke

> Weitere Transformationen führen auf immer kleinere Dreiecke. Somit können wir die Folge von Transformationen (deren Nummernfolge) als Adresse eines Dreiecks auffassen.
> Im Grenzwert gibt eine unendliche Folge von Transformationsnummern die Adresse eines Punktes.

Der Punkt P hat eigenartigerweise zwei Adressen. Das folgende Bild zeigt drei verschiedene Arten von Fraktalen Abkömmlingen des Sierpinski-Dreiecks.

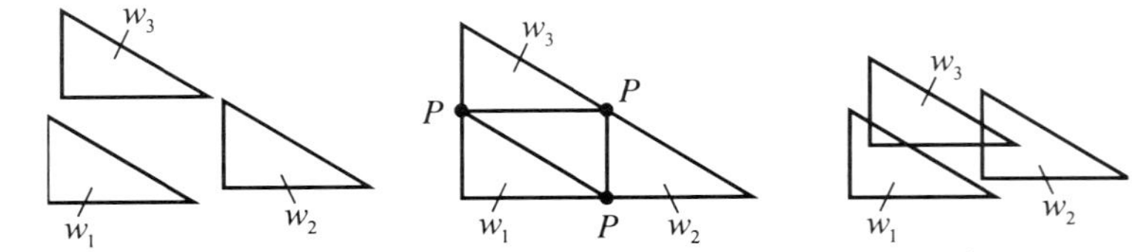

Bild 31: **a)** **b)** **c)**

a) total unzusammenhängend; jeder Punkt hat eine und nur eine Adresse.
b) gerade berührend; einige Punkte haben zwei Adressen.
c) überlappend; ein großer Prozentteil der Punkte hat zwei oder mehr Adressen.

Verschiedene IFS können denselben Attraktor besitzen, aber verschiedene Adressierungsarten.

Beispiel: $[0,1]$ Intervall des $\mathbb{R}^1$

$$IFS_1 \left\{[0,1], w_0 = \frac{x}{2}, w_1 = \frac{x}{2} + \frac{1}{2}\right\}$$

$$IFS_2 \left\{[0,1], w_0 = \frac{x}{2}, w_1 = -\frac{x}{2} + 1\right\}$$

A sei der Attraktor des $IFS\,\{\mathbb{X}, w_1 \ldots w_n\}$. Ein Punkt $a \in A$ wird periodisch genannt, wenn eine endliche Folge i von Transformationen w_i wieder a ergibt.

$$a = w_{ip}\Big(w_{i(p-1)}\Big(w_{i(p-2)}\big(\ldots w_{i1}(a)\big)\Big)\Big).$$

Das kleinste p, für das die obige Gleichung gilt, nennen wir die Periode von a. Die Adresse von a ist dann eine periodische Adresse.

132 132 132 . . . . . $\dot{1}\dot{3}\dot{2}$ gibt die Nummern der Transformationen an, die immer wieder zu a führen.

($\dot{2}$ bedeutet 22..2..., $\dot{3}\dot{1}$ bedeutet 3131..31...)

Ein Punkt, der erst nach einer endlichen Zahl von Transformationen periodisch wird, heißt letzlich periodisch. $1223\dot{1}\dot{2}\ldots$

Nach der Erläuterung der Adressen wenden wir uns den dynamischen Systemen zu.

Ein dynamisches System ist eine Transformation $f{:}\,\mathbb{X} \to \mathbb{X}$ auf einem metrischen Raum $(\mathbb{X},d)$ und wird mit $\{x, f\}$ bezeichnet. Die Bahn eines Punktes $x \in \mathbb{X}$ ist die Folge

$$x_1 = f(x_0)$$
$$x_2 = f(x_1)$$
$$\cdot$$
$$\cdot$$
$$\cdot$$
$$x_{n+1} = f(x_n),$$

die wir als Iteration erkennen.

Ein Beispiel, das wir schon kennen

$$\{[0,1]; f(x) = \lambda x(1-x)\}\ \lambda \in [0,4]\ \text{(die logistische Gleichung)}$$

Für einen festen Wert des Parameters λ, lassen wir x durch eine Iteration von $x_0 \in (0,1)$ aus wandern.

Eine n-malige Iteration bezeichnen wir mit ${}^n f$

$$x_{n+1} = {}^n f(x_0)$$

sie liefert die Bahn $x_0, x_1, x_2 \ldots.. x_{n+1}$

Ein periodischer Punkt mit der Periode p ist gekennzeichnet durch

$${}^p f(x) = x$$

Das kleinste p ist die minimale Periode von x.
Die Bahn eines periodischen Punktes heißt Zyklus von f.

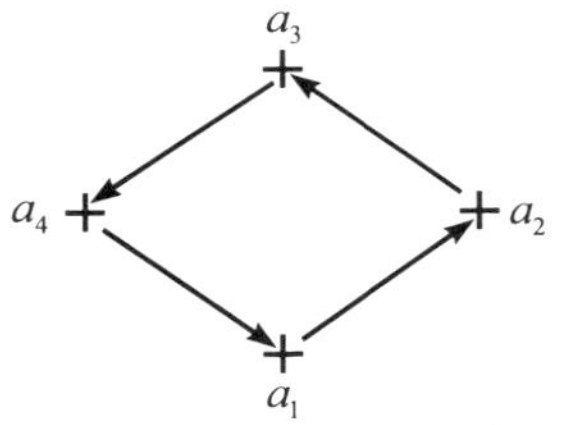

Zyklus $p = 4$ $\;{}^4f(a_i) = a_i$

Bild 32: Zyklus von *f* mit $p = 4$

Bei einem attraktiven Fixpunkt führt *f* eine Verkleinerungstransformation seiner Umgebung durch (attraktiv = anziehend)

$$\lim_{n\to\infty} {}^nf(x_i) \to x_f$$

z.B. $x_f = 0$ für das dynamische System $\{\mathbb{R}, \frac{1}{2}x\}$ $f = \frac{x}{2}$; $\lim_{n\to\infty} {}^nf(x) = 0$

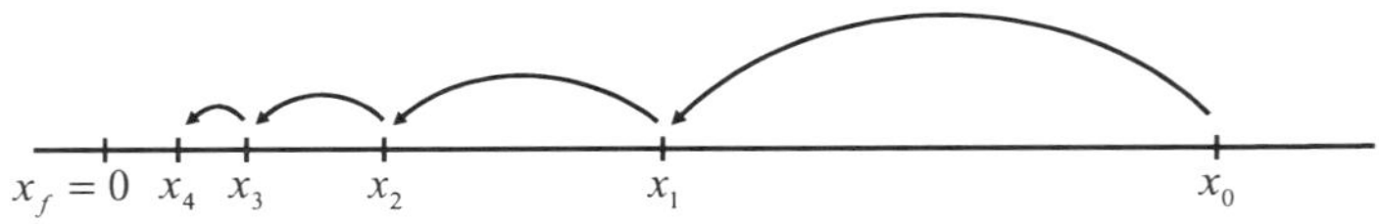

Bild 33: $x_f = 0$ ist attraktiv

Bei einem repulsiven Fixpunkt vergrößert *f* den Abstand zwischen x_f und x aus seiner Umgebung (repulsiv = abstoßend).

Z.B. $\{\mathbb{R}, 2x\}$ $f = 2x$
$f(x)$ vergrößert den Abstand zwischen dem Fixpunkt $x = 0$ und x.

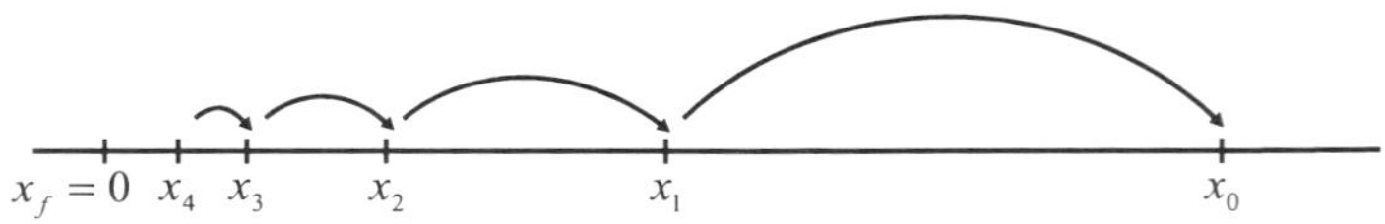

Bild 34: $x_f = 0$ ist repulsiv

Das Netzdiagramm zeigt uns die Bahnen von dynamischen Systemen auf $\mathbb{R}^1$.

In der Ebene zeigen wir ein einfaches Beispiel. Bahn auf dem Sierpinski-Dreieck.

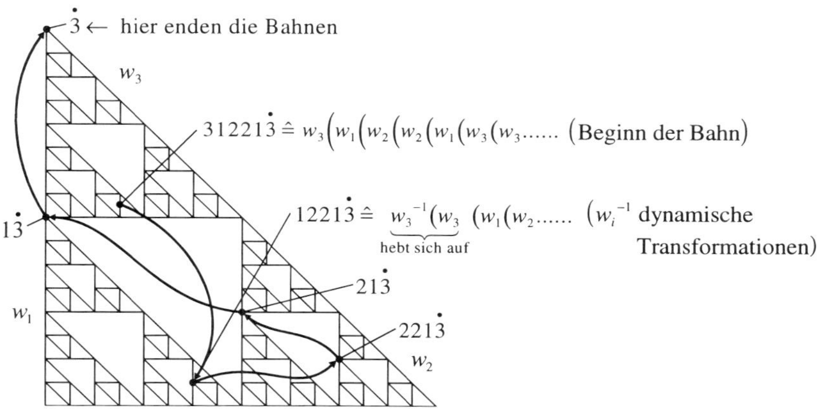

Bild 35: Die dynamische Bahn

Nun wollen wir erklären, was wir unter Chaos verstehen. Zuvor zeigen wir ein Netzdiagramm einer chaotischen Bahn im $\mathbb{R}^1$. Auch die folgenden Beispiele beziehen sich auf ein dynamisches System auf einem Intervall von $\mathbb{R}^1$.

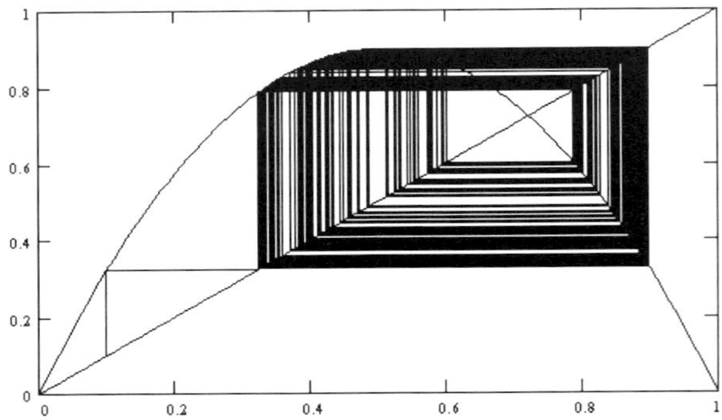

Bild 36: Netzdiagramm der Funktion $f = \lambda x(1-x)$ $\lambda = 3.6$

Ein dynamisches System $\{\mathbb{X}, f\}$ ist chaotisch, wenn es
1) transitiv ist,
2) empfindlich auf Anfangsbedingungen,
3) die Menge der periodischen Bahnen von *f* in $\mathbb{X}$ dicht liegen.

Wir wollen die einzelnen Punkte erläutern:

1) Transitiv heißt, daß die wiederholte Anwendung von *f* eine gute Durchmischung erzeugt. Wenn zwei beliebige offene Intervalle gewählt werden, gibt es ein *n*,
   so daß $I_1 \cap {}^n f(I_2) \neq 0$ ist, d.h.
   I_2 wird solange gestreckt, bis es sich mit I_1 überlappt.
   Z.B. $\{[0,1], f(x) = \lambda x(1-x), \lambda = 3.2\}$

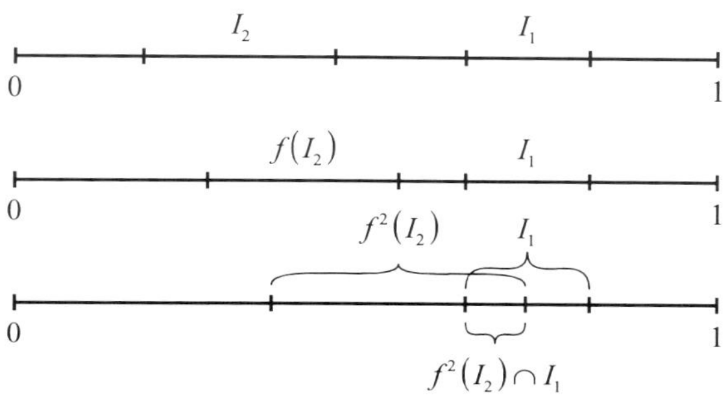

Bild 37: Transitivität sorgt für gute Durchmischung.

2) Empfindlich auf Anfangsbedingungen bedeutet, daß Punkte, die anfangs eng zusammen liegen, bei Anwendung von f auseinanderlaufen und im Attraktor auf verschiedenen periodischen Bahnen bleiben. (Wir wählen verschiedene x_0 und vergleichen den Attraktor A.) (Im Feigenbaumdiagramm verschiedene Farben (rot, blau)). (Farbabbildung 1)

3) Punkt 3 bedarf einer weitergehenden Erklärung.
Das dynamische System $\{\mathbb{X}, f\}$ eines total unzusammenhängenden IFS mit mehr als einer Transformation ist chaotisch. Die Bahnen, die von $\{\mathbb{X}, f\}$ generiert werden, bleiben im Attraktor A, wenn sie auf A beginnen. Und sie bleiben immer auf A. Ihre Bahn können wir den Adreßfolgen entnehmen. Wir interessieren uns für die periodischen Bahnen.

Das folgende Beispiel gilt für ein IFS mit zwei Transformationen.

T beschreibt eine dynamische Transformation.

$T(a_1 a_2 a_3 \ldots) = a_2 a_3 a_4 \ldots \quad a_i \{1,2\}$

Jede Anwendung von T läßt um einen Schritt dynamisch weiterwandern. Siehe Bild 35, Seite 45.

1) Die Fixpunkte bleiben immer auf demselben Fleck.

$$T\left(\dot{1}\right)=\dot{1}\ ,\ T\left(\dot{2}\right)=\dot{2}$$

2) Periode zwei gibt vier periodische Möglichkeiten von Adreßfolgen

$$\left.\begin{array}{l} T^2\left(\dot{1}\right)=\dot{1} \\ T^2\left(\dot{2}\right)=\dot{2} \end{array}\right\}\text{ schon unter 1 behandelt}$$

$$\left.\begin{array}{l} T^2\left(\dot{1}\dot{2}\right)=\dot{1}\dot{2} \\ T^2\left(\dot{2}\dot{1}\right)=\dot{2}\dot{1} \end{array}\right\}\text{ Minimalperiode 2}$$

und so geht es weiter für $p = 3, 4, \ldots\ldots$

Für eine Periode p gibt es für 2 Transformationen etwa $N_p = \frac{2^p}{p}$ verschiedene Minimalzyklen, d.h. für $p = 10$: $N_p = 99$, $p = 20$: $N_p = 52377$.

2^p entspricht allen Permutationen, Division durch p wegen Gleichheit der Periode bei zyklischer Vertauschung.

Z.B. $\underbrace{\dot{1}222\dot{2}}_{p}$ und $\underbrace{\dot{2}122\dot{2}}_{p}$ ergeben denselben Grenzwert.

N_p gibt daher an, wieviele Adreßfolgen für einen Minimalzyklus p möglich sind. Daraus ergibt sich, daß fast alle Punkte eines Attraktors auf Zyklen mit sehr großem p liegen.

Wird ein solcher Zyklus durchlaufen, erhalten wir zwar nicht A, aber bei einigen Millionen Punkten mit sehr hoher Wahrscheinlichkeit fast A. Bei einem sehr langen minimalen Zyklus (z.B. Millionen Punkte) kommt unsere Bahn in die Nähe aller Punkte und damit zeichnet die Bahn den Attraktor nach. So funktioniert unser Algorithmus der zufälligen Iteration. Ein guter Zufallsgenerator erzeugt alle Adreßfolgen, die wir für die Darstellung von A brauchen mit hoher Wahrscheinlichkeit. Beginnen wir die Bahn irgendwo, landen wir mit großer Wahrscheinlichkeit auf einem Zyklus mit sehr vielen Punkten.

Daß die periodischen Bahnen dicht liegen, bedeutet, daß die Punkte der Grenzwerte von Adreßfolgen aus allen periodischen Bahnen und die periodischen Punkte den Attraktor A bilden.

8. Der Fluchtzeitalgorithmus

Gegeben sei ein IFS

$$\left\{\mathbb{R}^2, w_1(x,y)=\left(\tfrac{x}{2},\tfrac{y}{2}+\tfrac{1}{2}\right), w_2(x,y)=\left(\tfrac{x}{2}+\tfrac{1}{2},\tfrac{y}{2}\right), w_3(x,y)=\left(\tfrac{x}{2},\tfrac{y}{2}\right)\right\}$$

Daraus erhalten wir das dynamische System. (Es stellt eine Umkehrung des IFS dar, wobei die w_i^{-1} für bestimmte Bereiche von $(\mathbb{X},d)$ gelten, w_1^{-1} z.B. für den Bereich $w_1(A)$.)

$$f(x,y)=\begin{cases}(2x,2y-1) & \text{für } y\geq\frac{1}{2}\\(2x-1,2y) & \text{für } x\geq\frac{1}{2} \text{ und } y<\frac{1}{2}\\(2x,2y) & \text{sonst}\end{cases}$$

Dieses System war in Kapitel 7 nur auf dem Attraktor A definiert. Jetzt dehnen wir es auf $\mathbb{R}^2$ aus.

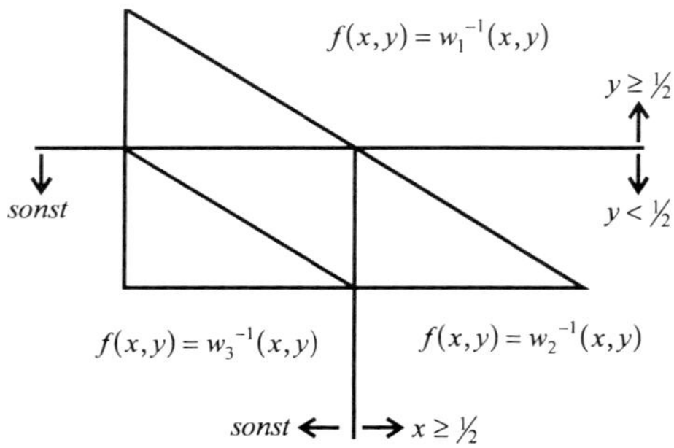

Bild 38: zeigt die Bereiche $w_1^{-1}, w_2^{-1}, w_3^{-1}$

Das IFS besaß verkleinernde Transformationen. Beim dynamischen System ist es gerade umgekehrt. $\{\mathbb{R}^2, f\}$ dehnt sich aus.

$$d\big(f(x_1),f(x_2)\big)=2d(x_1,x_2) \qquad \text{für unser Beispiel}$$

Wie sehen die Bahnen $\{{}^n f(x)\}_{n=0}^{\infty}$ aus ?

Liegen die Punkte auf dem Attraktor des IFS, so wissen wir aus Kapitel 7, daß die Bahnen auf dem Attraktor bleiben. Was passiert mit den anderen Punkten? Sie bekommen immer größere Abstände voneinander und wandern letztlich gegen ∞. Wir ziehen einen Kreis mit dem Radius R um den Attraktor und zählen die Anzahl der Punkte auf der Bahn ausgehend von einem Punkt, bis der Kreis R überschritten wird. Wenn wir annehmen, daß auf der Bahn von Punkt zu Punkt die Wanderzeit gleich wäre, dann gibt diese Anzahl die Fluchtzeit für den entsprechenden Startpunkt an.

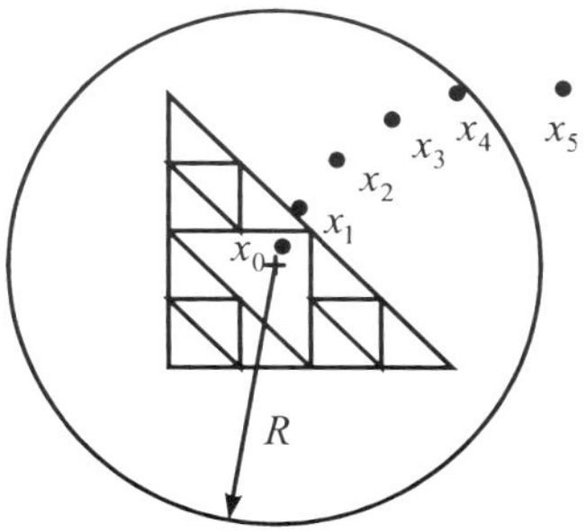

Bild 39: Von x_0 wird in 5 Schritten der Kreis R überschritten Fluchtzeit = 5

Lag der Startpunkt auf dem Attraktor, überschreitet die Bahn R niemals (weil die Bahn auf dem Attraktor bleibt). Dann ist die Fluchtzeit nicht endlich.

Wenn wir in einem gewissen Bereich für jeden Punkt die Fluchtzeit bestimmen und für eine bestimmte Fluchtzeit eine Farbe an diesem Punkt eintragen, erhalten wir ein Bild vom Attraktor (keine Flucht möglich) und für die anderen eine Farbverteilung, die der Fluchtzeit entspricht.

Und so funktioniert der Algorithmus

1) Wähle einen Punkt x,y in einem Bereich, setze $i = 0$
2) Wende f an, erhöhe i um 1
3) Prüfe, ob $d = \sqrt{x^2 + y^2} > R$
   Wenn nein, prüfe, ob $i > N$, wenn ja, setze x,y auf die Attraktorfarbe und dann zu 1), bis der Bereich fertig

   wenn nein, zu 2)

   Wenn ja, nimm die Farbe, die der Zahl der Iterationen (i) entspricht und zeichne x,y mit dieser Farbe, dann zu 1) bis alle Punkte des Bereichs abgearbeitet sind.

i: Iterationszähler;
N: maximale Iterationszahl, wird immer erreicht, wenn x,y auf dem Attraktor liegt

Will man nur den Attraktor, wird nur die Attraktorfarbe gesetzt, wenn $i > N$. Alle anderen Punkte bleiben z.B. weiß (der ganze Bereich wird anfangs weiß gesetzt). Je größer N, umso genauer wird der Attraktor gezeichnet (z.B. $N = 1000$), aber umso länger dauert es.

Der Fluchtzeitalgorithmus kann für jedes dynamische System $\{\mathbb{R}^2, f\}$, $\{\mathbb{C}, f\}$ oder $\{\overline{\mathbb{C}}, f\}$ $\overline{\mathbb{C}} = \mathbb{C} \cup \infty$ angewendet werden.
Jetzt gibt es ein Beispiel für IFS der Form $\{\text{Quadrat}, w^{-1}, w^{-2}, w^{-3}\}$

$$f(x,y) = \begin{cases} (2x, 2y-1) & \text{für } y \geq \frac{1}{2} \\ (2x-1, 2y) & \text{für } x \geq \frac{1}{2} \text{ und } y < \frac{1}{2} \\ (2x, 2y) & \text{sonst} \end{cases}$$

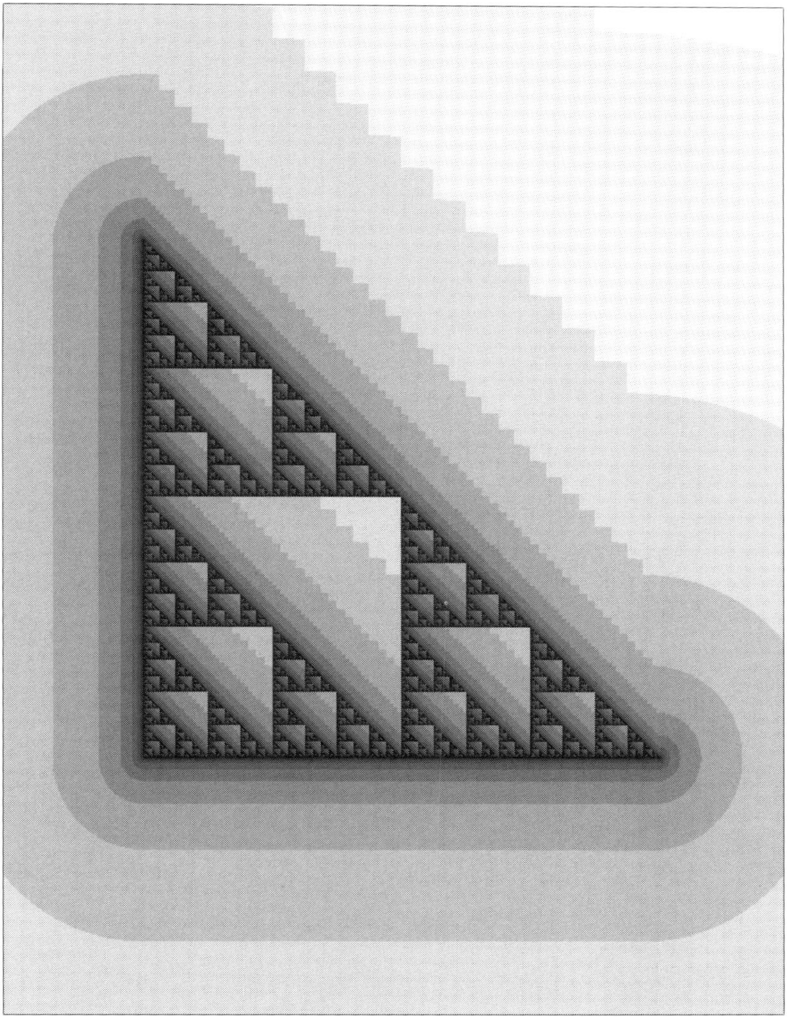

Bild 40: Die Fluchtzeiten des Sierpinski-Dreiecks. Schwarz für den Attraktor. Je heller grau, umso schneller wird geflüchtet.

Der Lyapunov-Exponent:

Bei einem dynamischen System interessiert uns, wie schnell zwei Punkte, die anfangs nahe beieinander lagen, sich bei den Iterationen voneinander entfernen.

$$x_{n+1} = f(x_n)$$

x_0 und $x_0 + \varepsilon$ werden nach N Iterationen auf ${}^N f(x_0)$ und ${}^N f(x_0 + \varepsilon)$ abgebildet.

Die Abstandsänderung ist ersichtlich

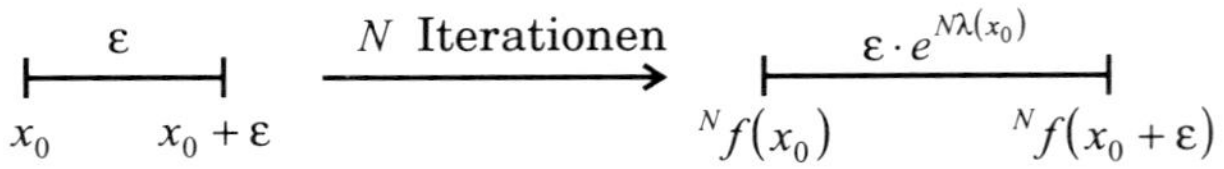

der neue Abstand wird mit dem Lyapunov-Exponenten $\lambda(x_0)$ definiert

$$\varepsilon \cdot e^{N\lambda(x_0)} = \left| {}^N f(x_0 + \varepsilon) - {}^N f(x_0) \right|.$$

Für $\varepsilon \to 0$, $N \to \infty$ erhält man

$$\begin{aligned} \lambda(x_0) &= \lim_{N \to \infty} \lim_{\varepsilon \to 0} \frac{1}{N} \log \left| \frac{{}^N f(x_0 + \varepsilon) - {}^N f(x_0)}{\varepsilon} \right| \\ &= \lim_{N \to \infty} \frac{1}{N} \log \left| \frac{d\,{}^N f(x_0)}{dx_0} \right|. \end{aligned}$$

λ hängt vom Ausgangspunkt x_0 ab und wir können eine Karte von λ als Funktion von x_0 rechnen. Dies gilt auch für zwei Dimensionen: $\lambda(x_0, y_0)$. (Farbabbildung 2)

9. Julia-Mengen

Nun wenden wir uns dem dynamischen System $\{\overline{\mathbb{C}}, f\}$ zu:

Zum Beispiel:

$$f(x,y) = z^2; \qquad \begin{aligned} z &= x + iy \\ z^2 &= (x+iy)^2 = x^2 - y^2 + i2xy \end{aligned}$$

$$\left.\begin{aligned} x_{n+1} &= x_n^{\ 2} - y_n^{\ 2} \\ y_{n+1} &= 2x_n y_n \end{aligned}\right\} \begin{aligned} &\text{Iteration} \\ &\text{für } f(x,y) = z^2 \end{aligned}$$

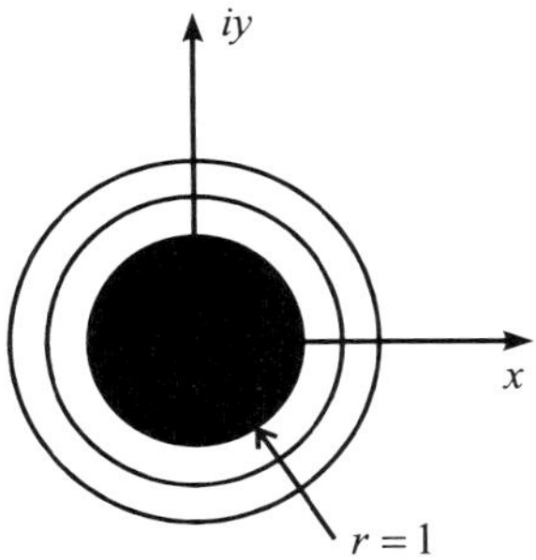

Bild 41: Einfache Julia-Menge

Alle Punkte x_0, iy_0, die innerhalb des Kreises $r = 1$ liegen, wandern gegen 0. Alle Punkte x_0, iy_0, die außerhalb des Kreises $r = 1$ liegen, wandern gegen ∞. Die Punkte auf dem Kreis $r = 1$ bleiben auf demselben.

Die ausgefüllte Fläche F wird gefüllte Juliamenge F_f genannt. Ihr Rand (bei Bild 41 $r = 1$) Juliamenge J_f. Die Form von J hängt von f ab.

f sei ein Polynom in z vom Grad größer 1 und transformiere $\overline{\mathbb{C}} \rightarrow \overline{\mathbb{C}}$. F_f seien jene Punkte in C, die nicht nach $z = \infty$ wandern.

$$F_f = \left\{ z \in C: \left| {}^n f(z) \right|_{n=0}^{\infty} < M \right\}$$

Dann nennen wir F_f die ausgefüllte Juliamenge, die zum Polynom

$$f = a_k z^k + a_{k-1} z^{k-1} + \;.\;.\;.\; a_0 \text{ gehört.}$$

$$\text{z.B. } f_1 = z^2 + 2,\; f_2 = \frac{z^3 + 3}{z^2}$$

Die Grenze von F_f ist die Juliamenge J_f, F_f und J_f sind kompakte Untermengen von C; $F_f, J_f \in \mathbb{K}(\mathbb{C})$ und $f(J_f) = J_f = f^{-1}(J_f)$ und $f(F_f) = F_f = f^{-1}(F_f)$.

Wir zeigen das Beispiel

$$f = z^2 - \lambda; \quad \lambda = 1.2, \quad R = 3$$

$$f_{\lambda=1.2}(x,y) = (x^2 - y^2 - 1.2,\; 2xy); \quad x,y \in \mathbb{C}$$

$$\text{Bereich: } \{-2 \le x \le 2, -2 \le y \le 2\}.$$

Unter K_n verstehen wir die Menge, die innerhalb von M bleibt, wenn f n-mal angewendet wurde. Die K_n beinhalten die K_{n+i} $(i = 1,2,\ldots.)$ und natürlich F_f.

Die K_n bilden eine Cauchy-Folge von Mengen

$$F_\lambda = \lim_{n\to\infty} K_n = \bigcap_{n=0}^{\infty} K_n$$

$$K_{n+1} = f^{-1}(K_n)$$

für $n \to \infty$ gilt $F_\lambda = f^{-1}(F_\lambda)$; wir haben den Grenzwert erreicht.

Wenn wir die Komplementärmenge der K_n $\overline{\mathbb{C}} \setminus K_n$ betrachten, so wandern diese unter f^{-1} gegen das Äußere von F_λ, d.h. $\overline{\mathbb{C}} \setminus K_n$.

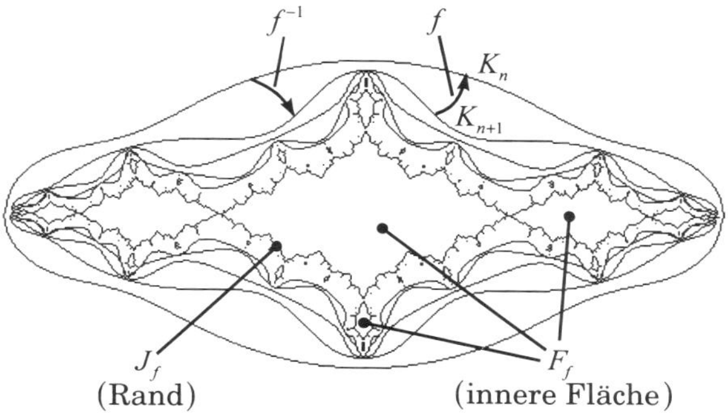

Bild 42: F_f, J_f und K_n für $f = z^2 - 1.2$.
Alle Punkte innerhalb K_n bleiben im Kreis $R = 3$, wenn f n-mal angewandt wird.

Der Parameter λ steuert die Form des Attraktors; ein Beispiel zeigt dies (Bild 43).

Bild 43: J_f für $f = z^4 - z - \lambda$
Sichtbereich $\{(x, y)\colon\ -1.2 \le x \le 1.5,\ -1.4 \le y \le 1.4\}$

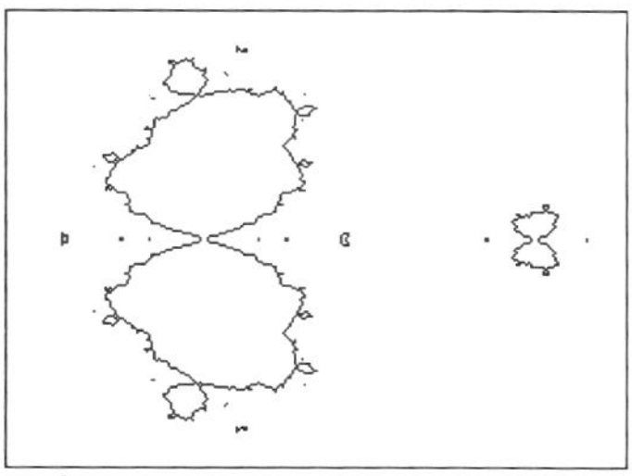

a) $\lambda = 0.7$

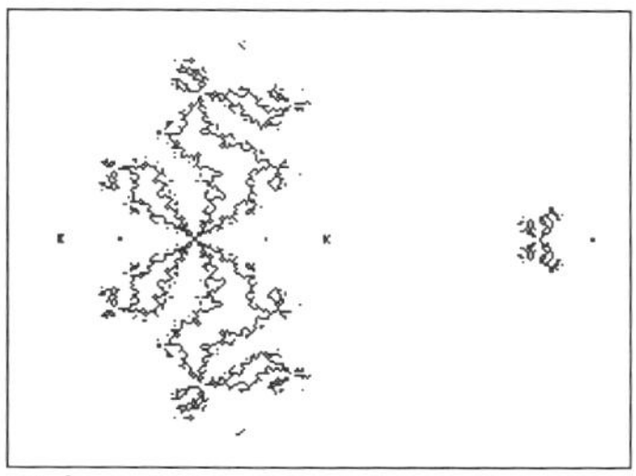

b) $\lambda = 0.8$

Nun fragen wir uns, ob wir nicht Julia-Mengen aus IFS erhalten können.

Dazu drehen wir das dynamische System

$$\left\{\overline{C}: f_\lambda(z) = z^2 - \lambda\right\} \text{ um}$$
$$f^{-1}(z) = \left(+\sqrt{z+\lambda}, -\sqrt{z+\lambda}\right),$$

weil

$$z_{n+1} = z_n^{\ 2} - \lambda$$
$$z_n^{\ 2} = z_{n+1} + \lambda$$
$$z_n = \pm\sqrt{z_{n+1} + \lambda}.$$

Das IFS sieht dann so aus:

$$\left\{\overline{\mathbb{C}}, w_1(z) = \sqrt{z+\lambda}, w_2(z) = -\sqrt{z+\lambda}\right\}$$
$$\sqrt{z} = \sqrt{x_1 + ix_2} = a(x_1, x_2) + ib(x_1, x_2)$$
$$a(x_1, x_2) = \tfrac{1}{\sqrt{2}}\sqrt{\sqrt{x_1^{\ 2} + x_2^{\ 2}} + x_1} \text{ für } x_2 \geq 0; \text{ negativ für } x_2 < 0$$
$$b(x_1, x_2) = \tfrac{1}{\sqrt{2}}\sqrt{\sqrt{x_1^{\ 2} + x_2^{\ 2}} - x_1}$$

Wir sind natürlich daran interessiert, den Algorithmus der zufälligen Iterationen anzuwenden.

Beispiel: $f = z^2 - 1$ führt zum IFS-System:

$$IFS\{\mathbb{C}, w_1(z) = +\sqrt{z+1}, w_2(z) = -\sqrt{z+1}\}$$

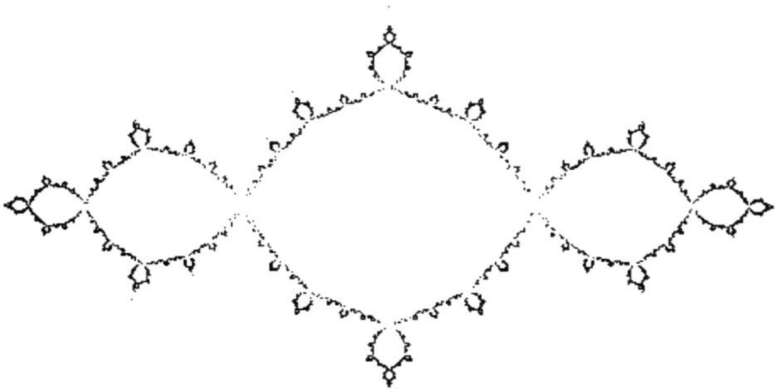

Bild 44: Der Attraktor des iterativen Systems $IFS\{\mathbb{C}, w_1(z) = +\sqrt{z+1}, w_2(z) = -\sqrt{z+1}\}$ entspricht etwa J_f, je näher wir J_f kommen, umso dichter liegen die Punkte und umso dichter liegen die K_n.

Wir betrachten nun Newtons Methode zur Bestimmung von Nullstellen $F(x) = 0$, die auch iterativ vorgeht.

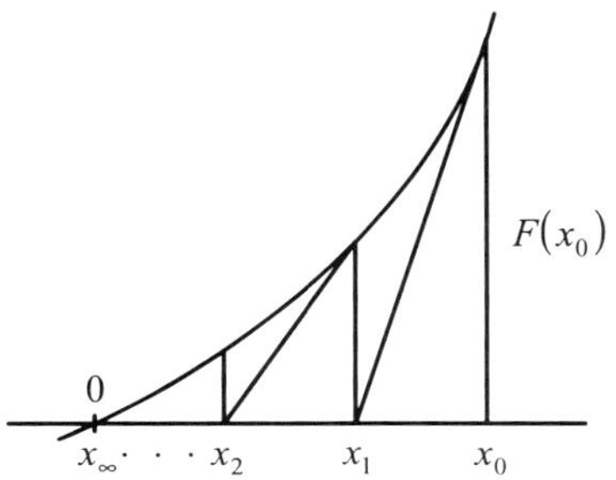

Wir wählen einen Punkt x_0, legen die Tangente an $F(x)$ und bestimmen den Schnittpunkt x_1. Dann fahren wir iterativ fort, bis wir $F(x) = 0$ mit ausreichender Genauigkeit gelöst haben.

Bild 45: Newtons Iteration zur Nullstellenbestimmung.

$$\frac{F(x_0)}{x_0 - x_1} = F'(x_0) \text{ aus geometrischen Überlegungen.}$$

$$\frac{F(x_0)}{F'(x_0)} = x_0 - x_1$$

$$x_1 = x_0 - \frac{F(x_0)}{F'(x_0)}$$

$$x_{n+1} = x_n - \frac{F(x_n)}{F'(x_n)}$$

Wir erweitern diese Vorgangsweise auf komplexe Zahlen.

Das dynamische System ist dann

$$\left\{\overline{\mathbb{C}}, f(z) = z - \frac{F(z)}{F'(z)}\right\},$$

und der Fluchtzeitalgorithmus wird angewandt.

Beispiel: $F(z) = z^4 - 1 \quad z \in \mathbb{C}$

$$f(z) = \frac{3z^4 + 1}{4z^3}$$

Die Lösungen $F(z) = 0 = z^4 - 1$ kennen wir.

$$z_1 = 1,\ z_2 = -1,\ z_3 = i,\ z_4 = -i$$

Wir erwarten nun, daß die Bahnen der Punkte von wo auch immer wir beginnen, in einem der vier Punkte enden.

Wir nehmen für ein Beispiel den Bereich $\{(x, y) \in \mathbb{C}; -2 \le x \le 2, -2 \le y \le 2\}$

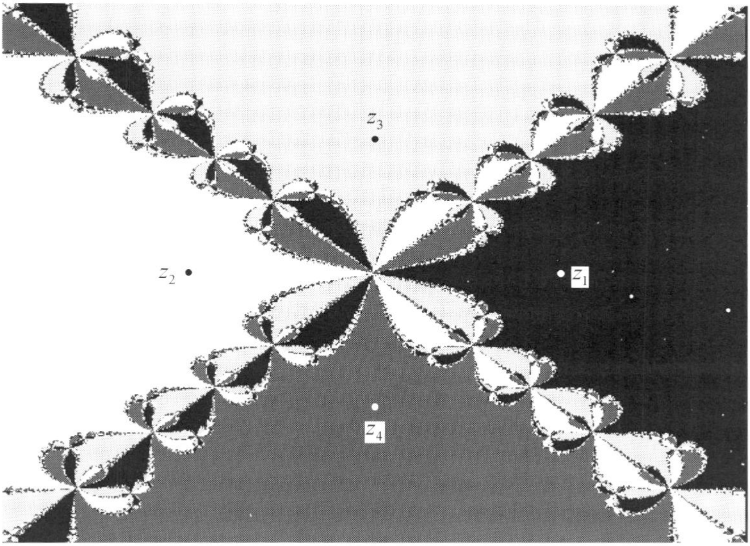

Bild 46: zeigt ein Gebilde in vier Graustufen, diese zeigen die Bereiche, deren Punkte *f* gegen die jeweiligen Grenzwertpunkte wandern.

Jene Punkte, die zu keinem Grenzwertpunkt wandern, bilden die Julia-Menge J_f. Dies entspricht in unserem Beispiel den Grenzen zwischen den Grauwerten. Auf dieser Grenze liegen die Punkte, die bei wiederholter Anwendung von *f* oder f^{-1} endlos herumwandern.

Weitere Beispiele:

Bild 47: $F(z) = z^{17} - 1,\ f(z) = \dfrac{16z^{17} + 1}{17z^{16}}.$

Durch Setzen einer Schwelle wird das Bild etwas unregelmäßiger.

Zuletzt ein Fraktaler Schrei:

Bild 48: $F(z) = z^4 - 1,\ f(z) = \frac{3z^4 + 1}{4z^3}$
Bereich $(x, y) \in \mathbb{R}^2; -1.3 \le x \le 0.2, -0.45 \le y \le 0.45$
(x,y) vertauscht

10. Parameterräume, die Mandelbrot-Menge

Wir haben schon des öfteren mit IFS oder dynamischen Systemen zu tun gehabt, die von einem Parameter $\lambda \in \mathbb{R}$, $\mathbb{R}^2$ oder $\in \mathbb{C}$ abhingen. Das Feigenbaumdiagramm (Bild 17, Seite 26) zeigt die Attraktoren von $x_{n+1} = \lambda x_n(1 - x_n)$ in Abhängikeit von λ. Der Attraktor $A(\lambda)$ hängt von λ ab.

Wir wollen nun diese Zusammenhänge systematisieren. Der Parameterraum P sei ein Unterraum von $\mathbb{R}$, $\mathbb{R}^2$ oder $\mathbb{C}$. Jedes λ (reell oder komplex) bestimmt einen Punkt P und ist einem Attraktor zugeordnet. Der Unterraum weist eine Begrenzung auf. (z.B. $\sqrt{\lambda_1^2 + \lambda_2^2} \leq R$ oder $\{-1 \leq \lambda_1 \leq 1, -1 \leq \lambda_2 \leq 1\}$)

Wir untersuchen die Familie der dynamischen Systeme

$$\{\hat{\mathbb{C}}, f_\lambda(z) = z^2 - \lambda\} \text{ (Julia-Menge).}$$

Für den Bereich $P\{\lambda = (\lambda_1, \lambda_2) \in \mathbb{C};\ |\lambda_1|, |\lambda_2| \leq 2\}$ wenden wir den Fluchtzeitalgorithmus für $z_0 = 0$ an, d.h. für alle Punkte λ_1, λ_2 im oben angegebenen Bereich setzen wir $z_0 = 0$ und prüfen, ob $z_{n+1} = z_n^2 - \lambda$ endlich bleibt. Wenn ja, färben wir den Punkt λ weiß. Als Resultat erhalten wir die berühmte Mandelbrot-Menge.

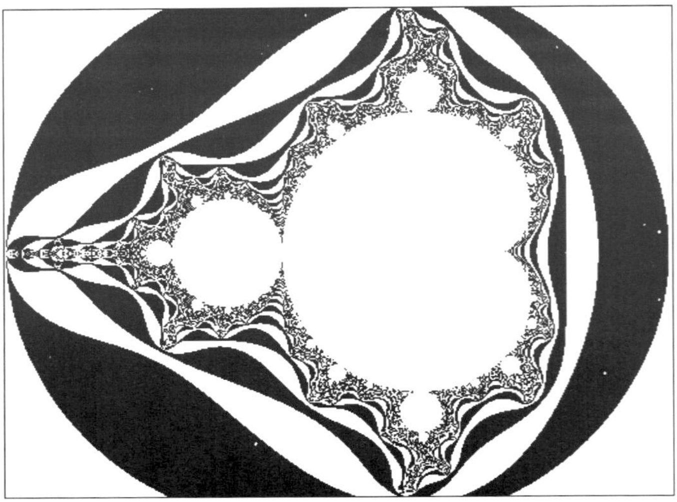

Bild 49: Die Mandelbrot-Menge (innere weiße Fläche)

Es sei $f_\lambda(z)$ ein dynamisches System, welches von einem Parameter $\lambda \in P$ abhängt. $A(\lambda)$ sei der Attraktor. Die Menge $M = \{\lambda \in P, A(\lambda) \text{ zusammenhängend}\}$ wird die Mandelbrotmenge des dynamischen Systems genannt.

$A(\lambda)$ zusammenhängend heißt, daß je zwei Punkte der Menge durch Punkte, die zur Menge gehören, verbunden werden können.

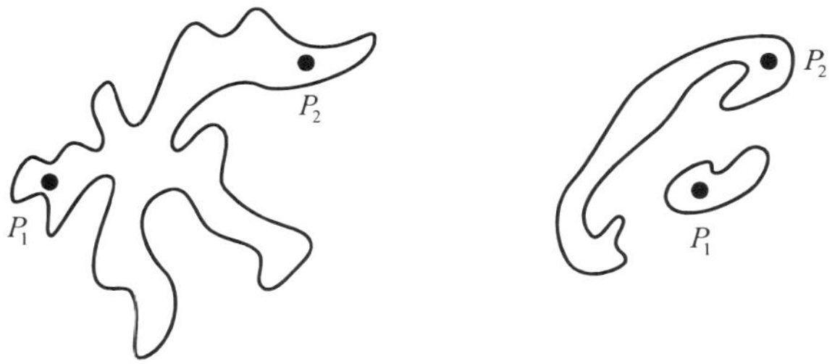

Bild 50: a) zusammenhängende Menge **b)** nicht zusammenhängende Menge

Mit anderen Worten: Wählen wir ein λ aus dem Inneren der Mandelbrotmenge, so ist die zugehörige Julia-Menge zusammenhängend.

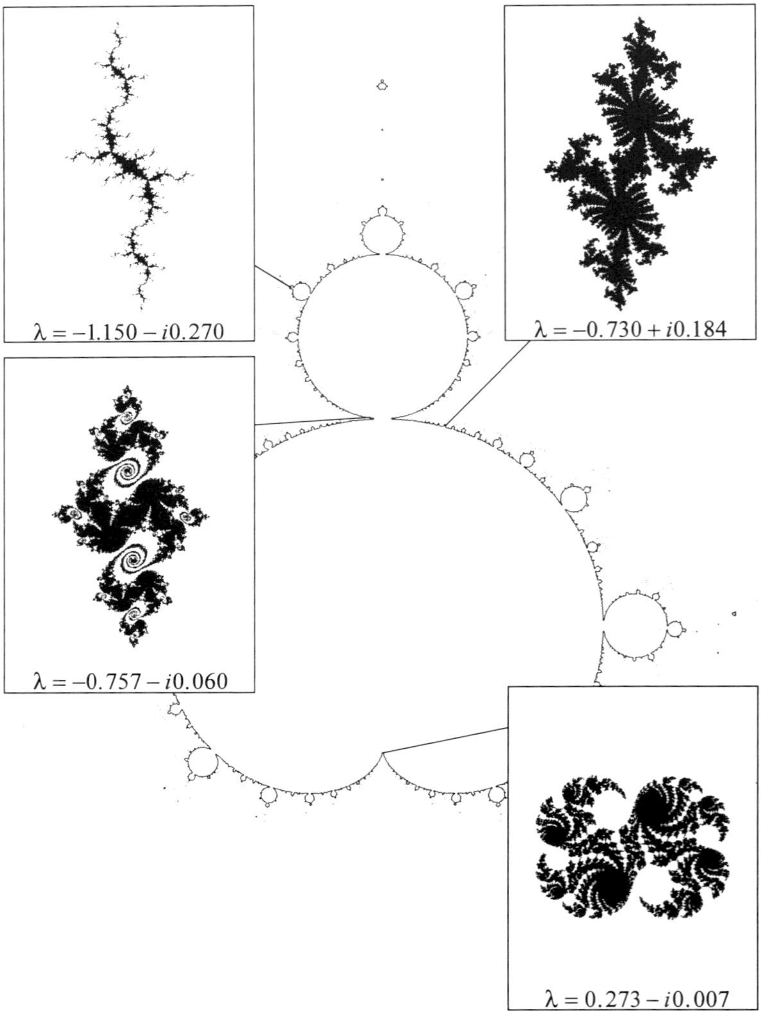

Bild 51: Mandelbrotmenge und die entsprechenden Julia-Mengen mit den zugehörigen Parametern.

Beispiel:

$$f_\lambda(z) = \begin{cases} \dfrac{z-1}{\lambda} & \text{für } \operatorname{Re} z \geq 0 \\ \dfrac{z+1}{\lambda^*} & \text{für } \operatorname{Re} z < 0 \end{cases}$$

$$P = \{\lambda \in \mathbb{C}; 0 < \lambda_1 < 1, 0 < \lambda_2 \leq 0.8\} \quad z_0 = 0$$

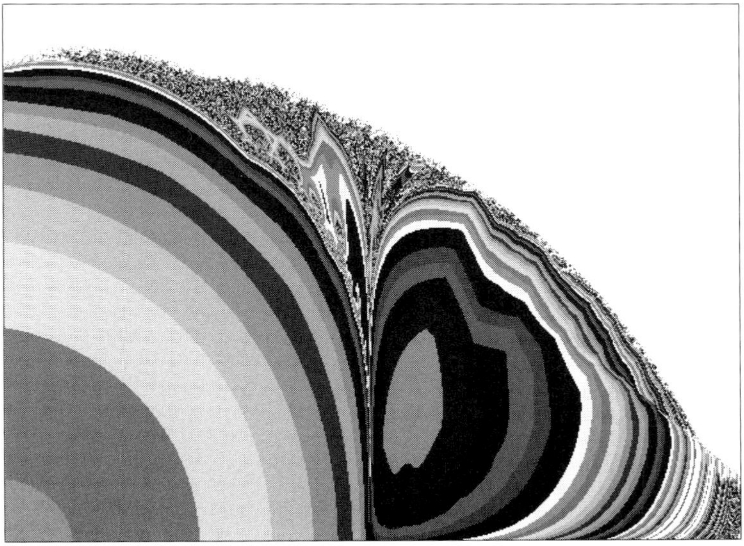

Bild 52: Die Mandelbrot-Menge für das obige Beispiel ist der weiße Bereich am oberen und rechten Bildrand.

Beispiel:

$$f_\lambda(z) = \begin{cases} \dfrac{z-1}{\lambda} & \text{für } \lambda_2 x - \lambda_1 y \geq 0 \\ \dfrac{z+1}{\lambda} & \text{für } \lambda_2 x - \lambda_1 y < 0 \end{cases}$$

$$P = \{\lambda \in C; 0 < \lambda_1 < 1, 0 < \lambda_2 < 0.8\}$$

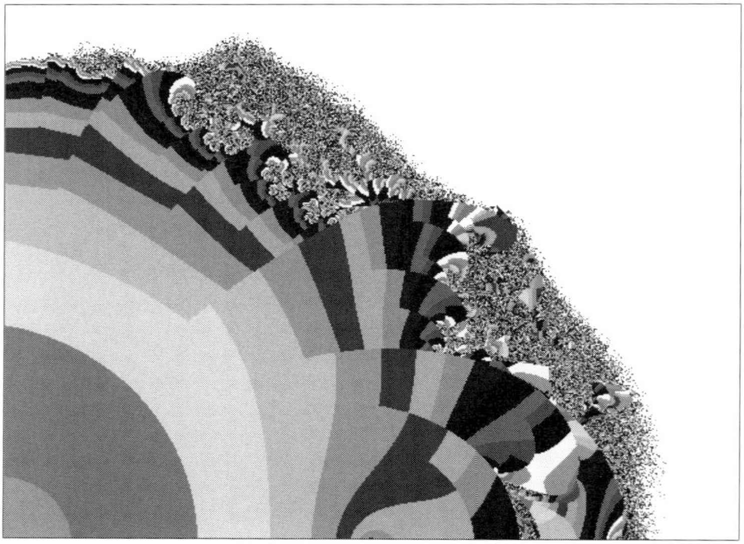

Bild 53: Die Mandelbrot-Menge für das obige Beispiel ist der weiße Bereich am oberen und rechten Bildrand.

Wir stellen uns nun dieselbe Aufgabe für ein IFS mit zwei Transformationen.

Es sei $\{\mathbb{X}; w_1, w_2\}$ ein IFS, welches von einem Parameter $\lambda \in P$ abhängt. $A(\lambda)$ sei der Attraktor.
Die Menge $M = \{\lambda \in P, A(\lambda) \text{ zusammenhängend}\}$ wird die Mandelbrotmenge des dynamischen Systems genannt.

Als Beispiel wählen wir

$$IFS\{C; w_1(z) = (\lambda_1 + i\lambda_2)z + 1, w_2(z) = (\lambda_1 + i\lambda_2)z - 1\}$$

$$|\lambda_1|, |\lambda_2| < \tfrac{1}{\sqrt{2}}.$$

Bild 54: Zwei $A(\lambda)$, die für ähnliche λ auch ähnliche $A(\lambda)$ geben.

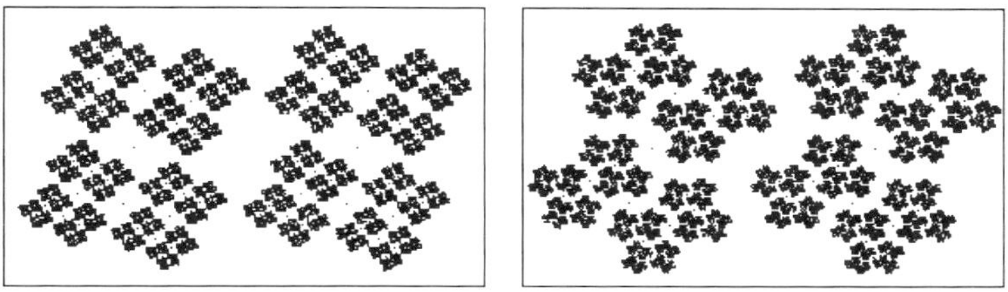

a) $\lambda_1 = 0.1,\ \lambda_2 = 0.65$ **b)** $\lambda_1 = 0.2,\ \lambda_2 = 0.63$

Sind $\{\mathbb{X}; w_1, w_2\}$ ein IFS mit dem Attraktor $A(\lambda)$ und w_1 und w_2 ein-eindeutige Transformationen, dann ist $A(\lambda)$ zusammenhängend, wenn $w_1(A) \cap w_2(A) \neq 0$.

11. Maße auf Fraktalen

Wir erinnern uns an den Algorithmus der zufälligen Iterationen mit dem $IFS\{X; w_1, w_2 \ldots w_N\}$ mit den Zahlen p_i

$$\{p_1, p_2 \ldots p_N\}, \text{ wobei } p_1 + p_2 + \ldots + p_N = 1 \text{ und}$$
$$p_i > 0 \text{ für } i = 1,2 \ldots N$$

Für folgende IFS

$$\left\{ \begin{matrix} \mathbb{C}; w_1(z) = \frac{z}{2}, w_2(z) = \frac{z}{2} + \frac{1}{2}, w_3(z) = \frac{z}{2} + \frac{i}{2}, w_4(z) = \frac{z}{2} + \frac{1}{2} + \frac{i}{2}; \\ p_1 = p_2 = p_3 = p_4 = 0.25 \end{matrix} \right\}$$

entsteht ein Rechteck mit gleicher Punktbelegung. Nun ändern wir die p_i, führen die IFS aus und stellen diese dar.

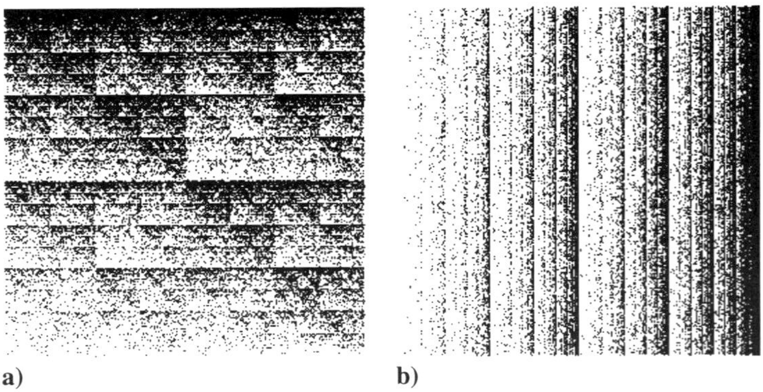

Bild 55: Ein IFS mit verschiedenen p_i.
a) $p_1 = 0.1, p_2 = 0.2, p_3 = 0.3, p_4 = 0.5$
b) $p_1 = 0.1, p_2 = 0.4, p_3 = 0.4, p_4 = 0.1$

Bisher bildeten alle unsere Attraktoren Formen in der Ebene, und wenn die Zufallsiteration lange lief, waren sie einfarbig (oder gleich weiß oder schwarz), egal ob sie total unzusammenhängend waren oder sich überlappten. Jetzt interessieren uns Grauwerte oder Farben auf dem Attraktor.

Unser obiger Versuch zeigt, daß die Belegung des Attraktors mit Punkten bezüglich der Punktdichte eines tieferen Verständnisses bedarf.

Stellen wir uns vor, daß ein Bauer ein großes Feld besitzt, das er gleichmäßig mit Samen bestreut. Er will nun den Ertrag errechnen. Der Ertrag wird proportional zur Fläche angesetzt. Das Maß (die Ergiebigkeit pro Flächeneinheit) wäre gleichverteilt über die Feldfläche. In Wirklichkeit gibt es aber steinige oder feuchte Stellen, womit der Ertrag vom Ort abhängt. Das wirkliche Maß weicht somit von einer Gleichverteilung ab und bestimmt die Ertragsberechnung (wieviel bei gleichmäßiger Samenverteilung auf einem Flächenelement wächst).

Wir wollen diese Überlegung etwas präzisieren. $(\mathbb{X},d)$ sei ein vollständiger metrischer Raum. $\{\mathbb{X}, w_1 \ldots w_N, p_1 \ldots p_N\}$ sei ein IFS mit Wahrscheinlichkeiten p_i. A sei der Attraktor des IFS. Dann existiert ein invariantes Maß μ. μ ordnet jeder Menge in $\mathbb{X}$ ein Maß zu. $\mu(A)=1$, $\mu(0)=0$. Das gesamte Maß liegt auf A und wird = 1 gesetzt.

Alle Untermengen, die ein Maß besitzen, werden Borel-Mengen $B(\mathbb{X})$ genannt (z.B. die Flächenelemente für unsere Ertragsberechnung oben).

Wenn wir die zufällige Iteration ablaufen lassen, wird eine Folge von Punkten erzeugt $\{z_n\}_{n=0}^{\infty}$. Manche dieser Punkte durchwandern die Untermenge B.

$N(B,n)$ = Anzahl der Punkte in $\{z_0, z_1 \ldots z_n\} \cap B$ für $n = 0,1,2 \ldots$ Das sind die Punkte, die in B landen.

$$\mu(B) = \lim_{n\to\infty}\left\{\frac{N(B,n)}{n+1}\right\}$$ die Punktdichte in der Untermenge B, wenn A lange durchlaufen wird.

Die Anzahl der Punkte in B konvergiert fast immer gegen ein Maß $\mu(B)$. Dabei ist „fast immer" eine statistische Aussage und der Rand von B bleibe punktefrei. Liegt B außerhalb von A, wird $\mu(B)=0$, weil dann keine Punkte nach B kommen, wenn wir die Punkte auf A wandern lassen.

Die Punktdichte auf dem Fraktal A konvergiert gegen das Maß $\mu(A)$. Für jedes IFS entsteht ein charakteristisches $\mu(A)$ auf dem Fraktal.

Eindimensionale Beispiele:

Beispiel 1:

$\mathbb{X} = [0,1] \subset \mathbb{R}^1$ Die Borelschen Mengen sind die Intervalle $\in [0,1]$

$a, b \in [0,1]$
$\mu((a,b)) = b - a$ für $a \leq b$
Das Maß ist durch die Intervallängen definiert.

Beispiel 2:

$\mathbb{X} = [0,1], d$ euklidisch $\}$ $(d = x_2 - x_1$ für $x_1 \leq x_2)$

Ein IFS: $\{[0,1], w_1(x) = \frac{x}{3}, w_2(x) = \frac{x}{3} + \frac{2}{3}, p_1 = 0.2, p_2 = 0.8\}$

Die Borelschen Mengen besteht aus der Menge der Intervalle $w_{i1}(w_{i2}(w_{i3}\ldots([0,1]))\ldots)$.
Z.B. $w_1(w_2(w_3(w_4([0,1]))))$

$\mu(w_1[0,1]) = p_1 = 0.2$
$\mu(w_2[0,1]) = p_2 = 0.8$

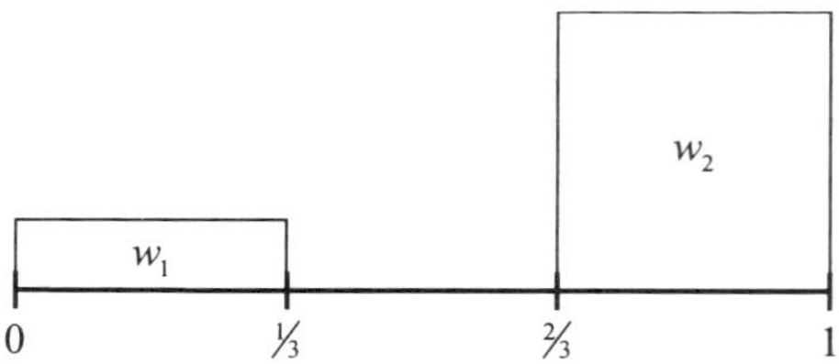

$\mu(w_1(w_1[0,1])) = p_1 \cdot p_1 = 0.04$
$\mu(w_2(w_1[0,1])) = p_2 \cdot p_1 = 0.16$
$\mu(w_1(w_2[0,1])) = p_1 \cdot p_2 = 0.16$
$\mu(w_2(w_2[0,1])) = p_2 \cdot p_2 = 0.64$

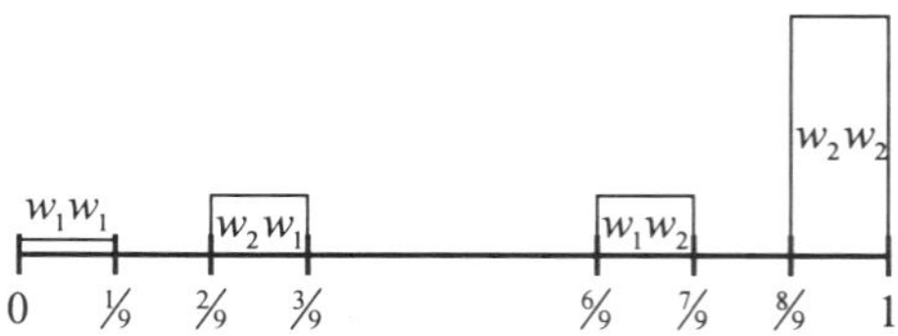

usw.

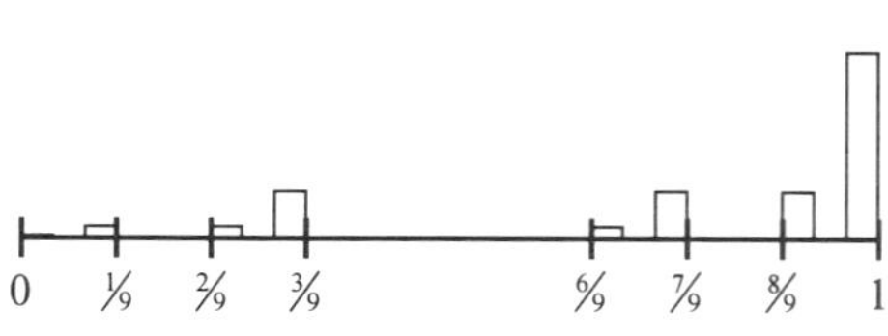

Der Raum der Maße

$(\mathbb{X}, d)$ sei ein kompakter metrischer Raum. μ sei ein Maß auf $\mathbb{X}$. $\mu(\mathbb{X}) = 1$ setzen, heißt μ normieren.
$\mathbb{P}(\mathbb{X})$ sei der Raum der normierten Maße auf $\mathbb{X}$. Der Hutchinson-Abstand $u(\mu, \nu)$ zwischen zwei Maßen ist definiert als

$$u(\mu,\nu) = Sup\left\{ \begin{array}{l} \int_{\mathbb{X}} f d\mu - \int_{\mathbb{X}} f d\nu, f: \mathbb{X} \to \mathbb{R}^1, \text{ stetig,} \\ |f(x) - f(y)| \leq d(x,y) \quad \forall x, y \in \mathbb{X} \end{array} \right\}$$

für alle $\mu, \nu \in \mathbb{P}(\mathbb{X})$

> $(\mathbb{P}(\mathbb{X}), u)$ ist ein kompakter metrischer Raum. Ein Maß μ ist ein Punkt des Raumes $(\mathbb{P}(\mathbb{X}), u)$.

$(\mathbb{X}, d)$ sei ein kompakter metrischer Raum und $\mathbb{P}(\mathbb{X})$ der Raum der normierten Maße auf $\mathbb{X}$. Ein IFS sei $\{X, w_1, w_2, \ldots w_N, p_1, p_2, \ldots p_N\}$

Wir definieren nun den Markov-Operator:

$$M(\nu) = p_1 \nu w_1^{-1} + p_2 \nu w_2^{-1} + \ldots + p_N \nu w_N^{-1}$$

ν ist ein bestimmtes Maß auf einer Menge (dem Träger) und $M(\nu)$ berechnet ein neues Maß, dann $M(M(\nu))$ ein neues usf. durch Iteration für alle $\nu \in \mathbb{P}(\mathbb{X})$, dabei ist $u(M(\nu), M(\mu) \leq s \cdot u(\nu, \mu))$, das heißt, es findet bezüglich des Hutchinson-Abstands eine Kontraktion statt. Der Grenzwert ist erreicht, wenn $M\mu = \mu$ ist - also ein Fixpunkt des Markov-Operators und daher wird $\mu(A)$ als invariantes Maß des IFS bezeichnet.

Von einer beliebigen Ausgangsverteilung μ_0 ausgehend, erreichen wir durch Anwendung des Markov-Generators immer neue feinere Verteilungen, bis der Markov-Generator nichts mehr ändert, - wir haben den Grenzwert erreicht.

Wir zeigen nun die Wirkung des Markov-Operators bei der Erzeugung einer Maßfolge.

$$IFS\{[0,1], w_1(x) = 0.7x, w_2(x) = 0.5x + 0.5, p_1 = 0.6, p_2 = 0.4\}$$

$$\nu_0(x) = \begin{cases} 1, & \text{für } x \in [0,1] \\ 0, & \text{sonst} \end{cases}$$

$$A = [0,1] \quad w_1^{-1}(x) = \frac{x}{0.7}, w_2^{-1}(x) = 2x - 1$$

$$\nu_0[0,1]$$

$$\left.\begin{aligned} \nu_1(w_1(A)) &= p_1\nu_0(w_1^{-1}(A)) \\ \nu_1(w_2(A)) &= p_2\nu_0(w_2^{-1}(A)) \end{aligned}\right\}$$

$$\left.\begin{aligned} \nu_2(w_1(w_1(A))) &= p_1\nu_1(w_1^{-1}(w_1(A))) \\ \nu_2(w_2(w_1(A))) &= p_2\nu_1(w_2^{-1}(w_2(A))) \\ \nu_2(w_1(w_2(A))) &= p_1\nu_1(w_1^{-1}(w_1(A))) \\ \nu_2(w_2(w_2(A))) &= p_2\nu_1(w_2^{-1}(w_2(A))) \end{aligned}\right\}$$

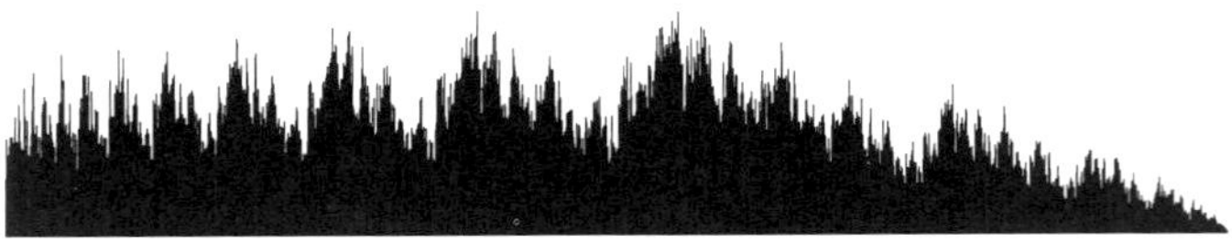

Bild 56: Grenzwert des oben angegebenen IFS

Nun ein zweidimensionales Beispiel:

$$IFS\Big\{ {}^{0,1}_{0,0}\square\,{}^{1,1}_{1,0},\quad w_1(x,y)=\begin{pmatrix}0.7 & 0\\ 0 & 0.7\end{pmatrix}\cdot\begin{pmatrix}x\\ y\end{pmatrix}$$

$$w_2(x,y)=\begin{pmatrix}0.5 & 0\\ 0 & 0.5\end{pmatrix}\cdot\begin{pmatrix}x\\ y\end{pmatrix}+\begin{pmatrix}0.5\\ 0\end{pmatrix}$$

$$w_3(x,y)=\begin{pmatrix}0.5 & 0\\ 0 & 0.5\end{pmatrix}\cdot\begin{pmatrix}x\\ y\end{pmatrix}+\begin{pmatrix}0\\ 0.5\end{pmatrix}$$

$$w_4(x,y)=\begin{pmatrix}0.65 & 0\\ 0 & 0.65\end{pmatrix}\cdot\begin{pmatrix}x\\ y\end{pmatrix}+\begin{pmatrix}0.35\\ 0.35\end{pmatrix}$$

$$p_1 = 0.15, p_2 = 0.3, p_3 = 0.3, p_4 = 0.25\Big\}$$

Bild 57:

Iterative Anwendung des Markov-Operators:

Jede Anwendung des Operators verfeinert die Punkteverteilung entsprechend dem IFS und den p_i. $\mu(A)$ stellt ein Grenzwertmaß des IFS dar.

Bei Bildern können wir Grautöne dadurch erzeugen, indem wir die Dichte von schwarzen Punkten ändern. Die Punktdichte stellt ein Maß dar.

Stellen wir uns vor, wir hätten ein Bild L mit verteilter Punktdichte. Wir können dann ein IFS finden $\{\mathbb{R}^2, w_1, w_2 \ldots w_N, p_1, p_2 \ldots p_N\}$, dessen invariantes Maß dem Bild entspricht.

Dazu benutzen wir das Kollagentheorem für Maße:

L sei die Punktdichte eines Bildes.
$p_i \cdot L$ bedeutet die Reduktion der Punktdichte von L um den Faktor p_i, z.B. $p = 0.25$ bedeutet, daß die Punktdichte auf $\frac{1}{4}$ reduziert wird.
Die Anwendung der kontraktiven Transformation w_i verdichtet dann die Punktdichte entsprechend der Verkleinerung.

Wir suchen die Transformation w_i und die Wahrscheinlichkeit p_i, so daß
$\bigcup_{i=1}^{N} w_i(p_i \cdot L) \cong L$ (annähernd = L); Kollagentheorem für Maße
(Kollagentheorem für Grauwerte)

z.B $p_i = \frac{1}{4}$ für $i = 1,2,3,4$

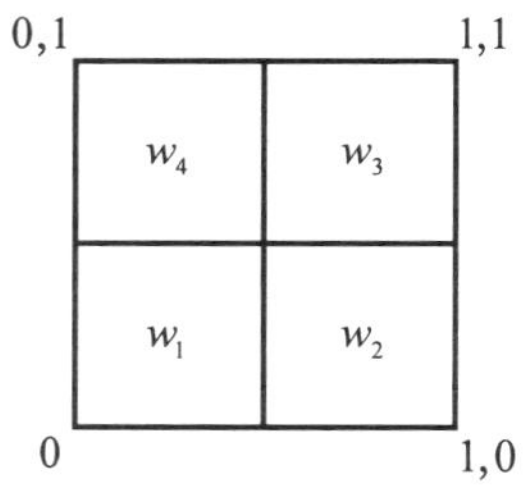

Wenn das Quadrat anfangs gleichmäßig grau wäre (Punktdichte L), wäre $p_i \cdot L = \frac{1}{4}$ die verminderte Punktdichte des gesamten Quadrats und $w_i(p_i \cdot L)$ pro kleinem Quadrat wieder dieselbe Punktdichte, wie am Anfang, weil w_i auf ¼ verkleinert. (Das invariante Maß ist gleichmäßig über das Quadrat verteilt.)

Beispiele für die ersten 9 Schritte zum invariantem Maß $\mu(A)$

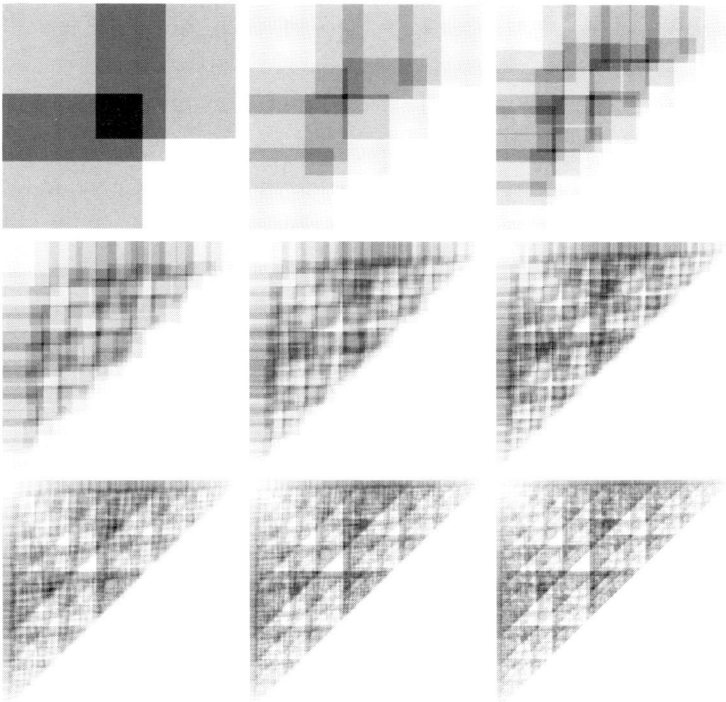

Bild 58: $IFS\left\{ \begin{smallmatrix} 0,1 \\ 0,0 \end{smallmatrix} \square \begin{smallmatrix} 1,1 \\ 1,0 \end{smallmatrix}, \right.$

$$w_1(x,y) = \begin{pmatrix} 0.7 & 0 \\ 0 & 0.7 \end{pmatrix} \cdot \begin{pmatrix} x \\ y \end{pmatrix}$$

$$w_2(x,y) = \begin{pmatrix} 0.6 & 0 \\ 0 & 0.6 \end{pmatrix} \cdot \begin{pmatrix} x \\ y \end{pmatrix} + \begin{pmatrix} 0.4 \\ 0 \end{pmatrix}$$

$$w_3(x,y) = \begin{pmatrix} 0.6 & 0 \\ 0 & 0.6 \end{pmatrix} \cdot \begin{pmatrix} x \\ y \end{pmatrix} + \begin{pmatrix} 0 \\ 0.4 \end{pmatrix}$$

$$\left. p_1 = 0.33, p_2 = 0.33, p_3 = 0.34 \right\}$$

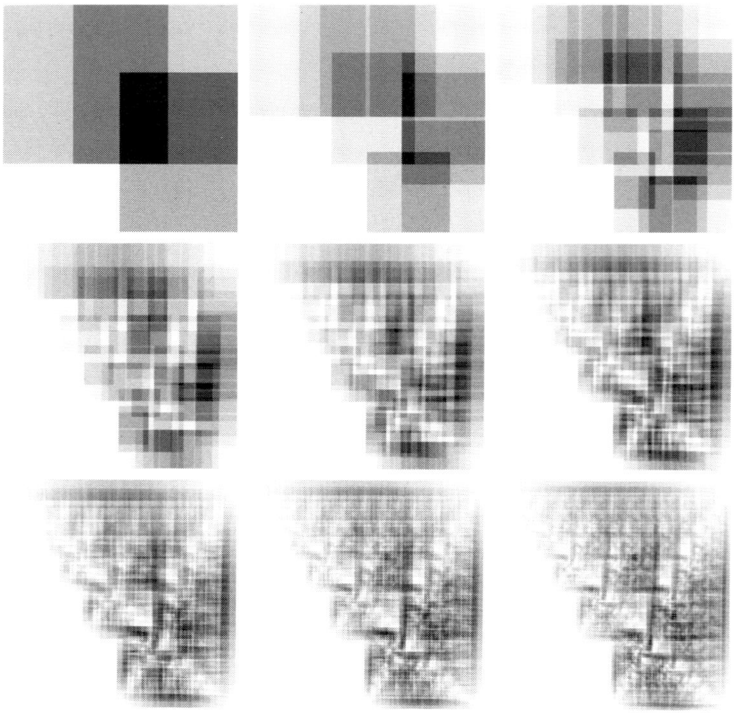

Bild 59: $IFS\left\{ \begin{smallmatrix} 0,1 & \square & 1,1 \\ 0,0 & & 1,0 \end{smallmatrix}, \right.$

$$w_1(x,y) = \begin{pmatrix} 0.7 & 0 \\ 0 & 0.7 \end{pmatrix} \cdot \begin{pmatrix} x \\ y \end{pmatrix}$$

$$w_2(x,y) = \begin{pmatrix} 0.7 & 0 \\ 0 & 0.7 \end{pmatrix} \cdot \begin{pmatrix} x \\ y \end{pmatrix} + \begin{pmatrix} 0.3 \\ 0 \end{pmatrix}$$

$$w_3(x,y) = \begin{pmatrix} 0 & -0.5 \\ 0.7 & 0 \end{pmatrix} \cdot \begin{pmatrix} x \\ y \end{pmatrix} + \begin{pmatrix} 1 \\ 0.3 \end{pmatrix}$$

$$\left. p_1 = 0.3, p_2 = 0.3, p_3 = 0.4 \right\}$$

12. Fraktale Dimension

Jetzt haben wir unser Ziel, Fraktale besser zu verstehen fast erreicht. Es ist an der Zeit, das Wort Fraktal zu erklären und die Dimension von Fraktalen, die damit zu tun hat. Fraktal kommt von fractus (lat. = gebrochen) und erinnert an die eckigen irregulären Formen.

Wenn wir die Fläche einer kompakten Menge A im $\mathbb{R}^2$ messen wollen, dann können wir die Menge mit Kreisscheiben mit dem Radius $\varepsilon > 0$ überdecken und zwar so, daß wir möglichst wenig Kreisscheiben benötigen. Wählen wir ein kleineres $\varepsilon > 0$, so brauchen wir mehr Scheiben zur Überdeckung. Die Anzahl der Kreisscheiben bezeichnen wir mit $N(A,\varepsilon)$.

Die fraktale Dimension einer Menge A ist definiert als:

$$D = \lim_{\varepsilon \to 0} \left\{ \frac{ln(N(A,\varepsilon))}{ln \frac{1}{\varepsilon}} \right\}$$

Grenzwert des Verhältnisses der Logarithmen der Anzahl der nötigen ε-Scheiben zur ε-Verkleinerung.

Die klassischen Dimensionen werden von dieser Formel ebenso erfaßt.

z.B $D = 1$ bedeutet, daß ein Verkleinern von ε um einen Faktor k die Anzahl der Intervalle um k steigen läßt.

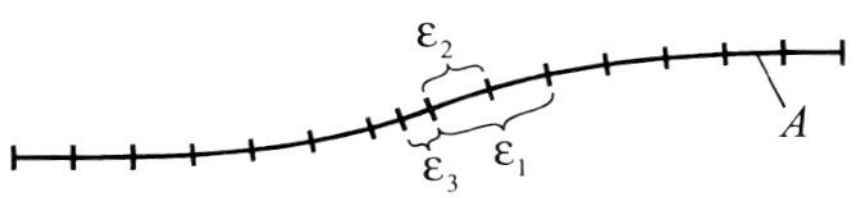

Länge

$L = 7 \cdot \varepsilon_1 \quad N(A,\varepsilon_1) = 7$

$L = 14 \cdot \varepsilon_1 \quad N(A,\varepsilon_2) = 14$

$L = 28 \cdot \varepsilon_1 \quad N(A,\varepsilon_3) = 28$

usf.

$2\varepsilon_2 = \varepsilon_1$

$2\varepsilon_3 = \varepsilon_2$

$D = 2$ führt bei Verkleinern von ε auf $\frac{1}{2}$ auf die vierfache Zahl $N(A, \varepsilon)$

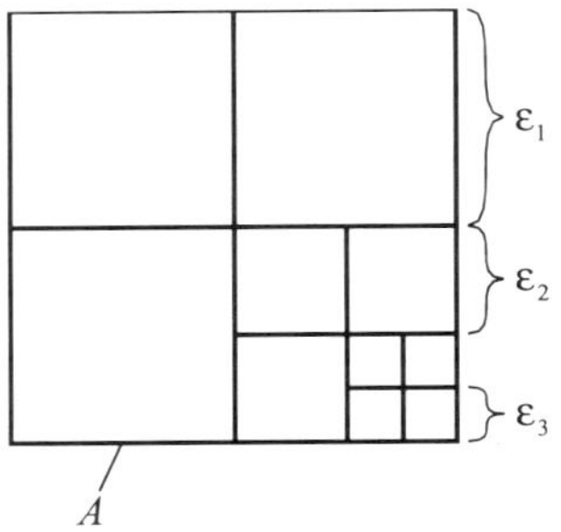

$$N(A, \varepsilon_1) = 4$$
$$N(A, \varepsilon_2) = 16$$
$$N(A, \varepsilon_3) = 64$$

Dies legt eine sehr einfache Methode der Bestimmung der fraktalen Dimension nahe

$$D = \lim_{n \to \infty} \left\{ \frac{\ln(N_n(A))}{\ln(2^n)} \right\}$$

Wir legen ein Gitter über die Menge A, deren Dimension wir bestimmen wollen und zählen die Quadrate, die Punkte von A erhalten $\to N_1(A)$. Dann halbieren wir die Maschenweite und zählen die nun ¼ so großen Quadrate, die Punkte von A enthalten, und erhalten $N_2(A)$. Die jeweiligen $N_n(A)$ dividieren wir nun durch 2^n und extrapolieren diese Werte zum Grenzwert D.

nun einige Beispiele:

Quadrate $\quad D_{\square} = \lim_{n \to \infty} \frac{\ln 2^{2n}}{\ln 2^n} = 2 \cdot \frac{\ln 2^n}{\ln 2^n} = 2$

Sierpinski-Dreieck $\quad D_S = \lim_{n \to \infty} \frac{\ln 3^n}{\ln 2^n} = \frac{\ln 3}{\ln 2}$

Koch-Kurve $\quad D_K = \lim_{n \to \infty} \frac{\ln 4^n}{\ln 3^n} = \frac{\ln 4}{\ln 3}$

(Es gibt mehrere Arten der Bestimmung der fraktalen Dimension. Wir wählen diese einfache Methode.)

Es sei ein $IFS\{\mathbb{R}^m, w_1, w_2 ... w_N\}$ mit dem Attraktor A gegeben. Wenn w_n Ähnlichkeitstransformationen mit dem Verkleinerungsfaktor s_n sind und der Attraktor nicht überlappend ist, dann ist $D(A)$ die Lösung der Gleichung

$$\sum_{n=1}^{N} |s_n|^{D(A)} = 1 \quad D(A) \in [0, m]$$

Die fraktale Dimension $D(A)$ ist stets $\leq$ der Dimension des Raumes auf dem der Attraktor existiert.

Z.B das Sierpinski-Dreieck ist nicht überlappend und hat drei Transformationen w_1, w_2, w_3 mit $s_1 = s_2 = s_3 = \frac{1}{2}$.

Daher ist

$$\left(\tfrac{1}{2}\right)^{D_s} + \left(\tfrac{1}{2}\right)^{D_s} + \left(\tfrac{1}{2}\right)^{D_s} = 1$$
$$\left(\tfrac{1}{2}\right)^{D_s} = \tfrac{1}{3}$$
$$D \cdot \ln\tfrac{1}{2} = \ln\tfrac{1}{3} \quad \left(\ln\tfrac{1}{3} = -\ln 3, \ln\tfrac{1}{2} = -\ln 2\right)$$
$$D_S = \frac{\ln 3}{\ln 2} < 2$$

Die Cantormenge ist der Attraktor des $IFS\{[0,1], w_1 = \frac{x}{3}, w_2 = \frac{x}{3} + \frac{2}{3}\}$

$$\left(\tfrac{1}{3}\right)^{D_c} + \left(\tfrac{1}{3}\right)^{D_c} = 1$$
$$\left(\tfrac{1}{3}\right)^{D_c} = \tfrac{1}{2}$$
$$D_c = \frac{\ln 2}{\ln 3} < 1$$

Bild 60: Drei Beispiele zur Bestimmung der fraktalen Dimension mittels

$$D = \lim_{n\to\infty}\left\{\frac{\ln(N_n(A))}{\ln(2^n)}\right\} \approx \text{Mittelwert der Steigung}\left\{\frac{\Delta(\log Y)}{\Delta(\log X)}\right\}$$

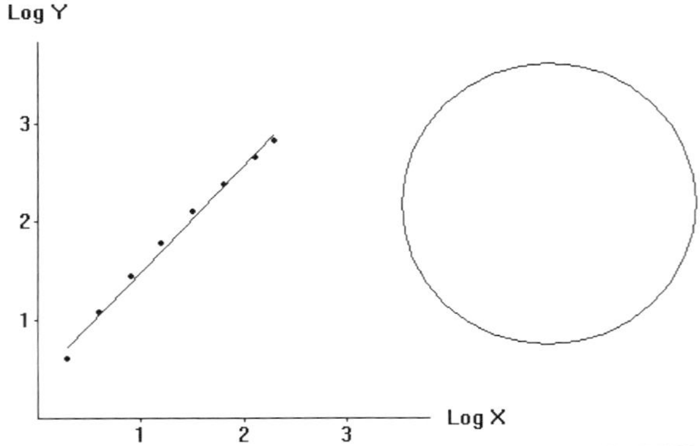

Log x	0.301	0.602	0.903	1.204	1.505	1.806	2.107	2.299
Log y	0.602	1.079	1.447	1.778	2.093	2.371	2.654	2.816

Dimension : D = 1.08135

a) eines Kreises,

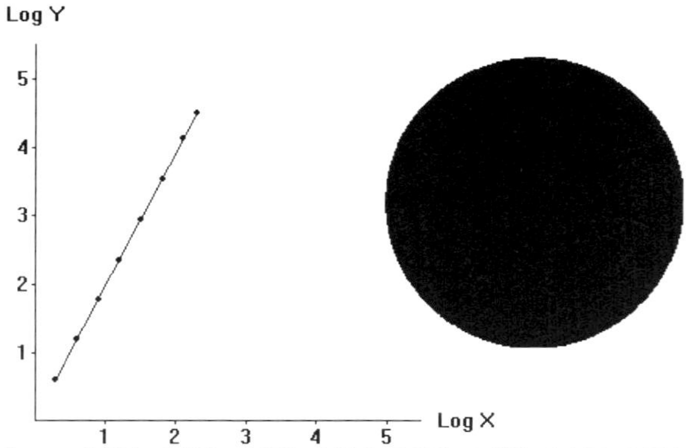

Log x	0.301	0.602	0.903	1.204	1.505	1.806	2.107	2.301
Log y	0.602	1.204	1.778	2.350	2.932	3.521	4.115	4.500

Dimension : D = 1.94183

b) einer Kreisscheibe,

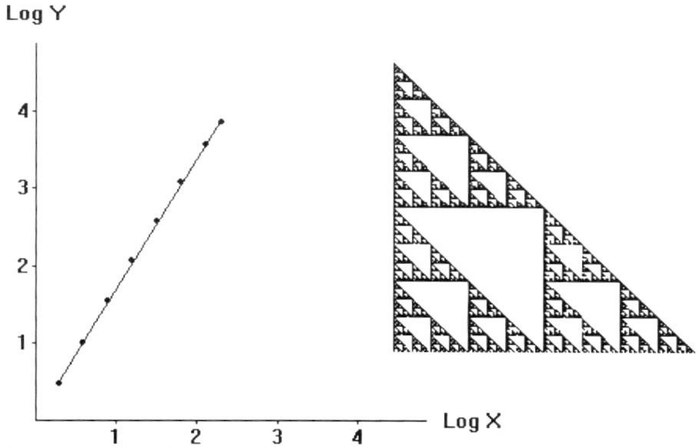

Log x	0.301	0.602	0.903	1.204	1.505	1.806	2.107	2.301
Log y	0.477	1.000	1.544	2.072	2.583	3.083	3.575	3.859

Dimension : D = 1.69992

c) des Sierpinski-Dreiecks,

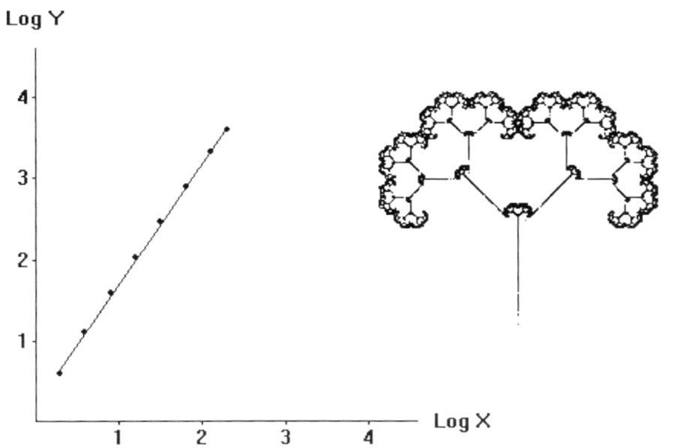

Log x	0.301	0.602	0.903	1.204	1.505	1.806	2.107	2.301
Log y	0.602	1.114	1.591	2.025	2.465	2.902	3.327	3.597

Dimension : D = 1.48474

d) eines Baumes.

13. Fraktale und der Zufall

Wenn wir in der Natur das betrachten, was uns an Fraktale erinnert, so fällt uns zum bisher Gezeigten ein wesentlicher Unterschied auf. Unsere deterministischen Fraktale konnten wir wieder und wieder errechnen - sie sahen immer gleich aus. Bei vorgegebenen Parametern und Variablenbereichen ergeben deterministische Fraktale immer dieselbe Grenzwertmenge - vorausgesetzt, wir lassen dieselbe Anzahl von Punkten mit demselben Rechner erzeugen (Rechengenauigkeit).

In der Natur kennen wir zum Beispiel sofort eine französische Pappel - aber wir wissen, daß keine zwei Pappeln gleich ausschauen. Was den Baum als Pappel erscheinen läßt, sind mittlere Winkel der Äste zum Stamm oder Stärke der Nebenäste bzw. Längenverhältnisse derselben gegenüber dem Stamm. Die aus vielen Pappeln gewonnenen statistischen Bereiche bezüglich dieser Größen machen eben „die“ Pappel aus. Bei Eichen wären zum Beispiel die Winkel zwischen Stamm und Nebenästen größer usf.

Wenn uns also daran liegt, mit Fraktalen natürliche Erscheinungsformen zu beschreiben, müssen wir versuchen, Fraktale zu errechnen, die im Detail individuelle Verschiedenheiten aufweisen, deren statistische Größenverteilungen aber einem Typus entsprechen.

Der Algorithmus der zufälligen Iteration hat übrigens nichts damit zu tun. Dabei handelt es sich nur um eine Methode, deterministische Fraktale als Folge von Punktadressen zu generieren. Und die sehen nach jedem Generierungslauf gleich aus.

Bevor wir aber auf Beispiele von Zufallsfraktalen eingehen, erscheint es angebracht, das Verständnis für den Zufall aus dem Rechner zu vertiefen.

14. Zufall aus dem Computer

Eigentlich erscheint es erstaunlich, daß Rechner, die als besonders genaue und zuverlässige Knechte bekannt sind, Zufallszahlen produzieren können. Doch es zeigt schon die Verteilung der Primzahlen, daß bei scheinbar einfachen Sachverhalten sehr eigenartige unregelmäßige Verteilungen vorkommen.

1	2	3	5	7	11	13	17	19	23	29	31	37	41	43
47	53	59	61	67	71	73	79	83	89	97	101	103	107	109
113	127	131	137	139	149	151	157	163	167	173	179	181	191	197
199														

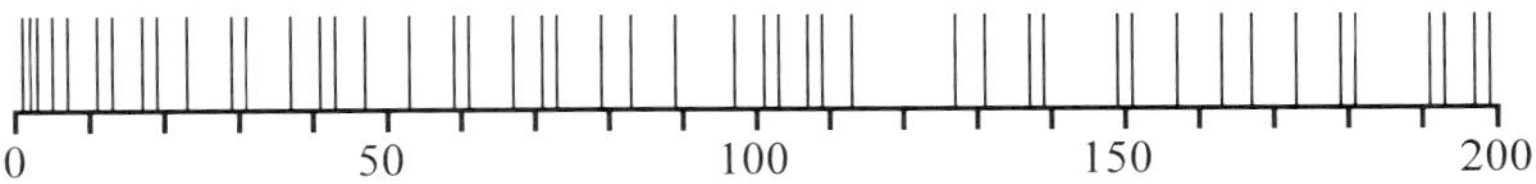

Bild 61: Primzahlen und deren Verteilung bis 200

In vielen Anwendungsgebieten weit über die Naturwissenschaften hinaus, werden für Simulationen leistungsfähige Zufallsgeneratoren benötigt. Um eine mathematisch zufriedenstellende Lösung zu erhalten, müssen wir genau festlegen, was wir unter „zufällig“ verstehen und vor allem, wie wir nach der Generation von Zufallszahlenfolgen deren Zufälligkeit überprüfen.

Zuerst sei der Begriff des Zufallsexperiments erklärt. Viele Vorgänge in der Natur liefern Ergebnisse, die man nicht vorhersehen kann. Zum Beispiel auf welche Seite eine Münze beim Aufwerfen fällt, oder die Augenzahl eines Würfels, die nach dem Würfeln oben erscheint, oder die Farbe des Autos, das als nächstes an unserem Fenster vorbeifährt. Alle möglichen Ergebnisse eines Zufallsexperiments bilden den Ereignisraum Ω.

Ein Element des Ereignisraumes (ein Punkt) ist ein Elementarereignis ω. Das Ereignis $A \in \Omega$ tritt ein, wenn $\omega \in A$.

Beim einmaligen Münzenwerfen besteht der Ereignisraum aus Kopf und Adler.

$\Omega\colon\{\omega \mid \omega \in \{\text{Kopf}, \text{Adler}\}\}$. Die Ereignisse A_1, A_2 sind $\{\text{Kopf}, \text{Adler}\}$

Zweimaliges Würfeln ergibt

$\Omega\!:\!\{\omega_1,\omega_2|\omega_1,\omega_2\in\{1,2....6\}\}$.
Die Ereignisse A_i sind $\{(1,1),(1,2),(1,3)....(6,6)\}$.

Es wird nun jedem Ereignis A aus dem Ereignisraum eine Wahrscheinlichkeit $P(A)$ zugeordnet. $P(A)$ bildet ein Wahrscheinlichkeitsmaß, das angibt, wie stark mit dem Eintreffen des Ereignisses A zu rechnen ist. Das Wahrscheinlichkeitsmaß folgt den Gesetzen der Maßtheorie

1. Für alle $A\in\Omega$ ist $P(A)\geq 0$
2. $P(\Omega)=1$ (irgend ein Ereignis tritt sicher ein)
3. Für alle A_i für die $A_i\cap A_j=0$, wenn $i\neq j$ gilt $P\left(\bigcup_i A_i\right)=\sum_i P(A_i)$

Beim zweimaligen Würfeln sind die Wahrscheinlichkeiten für den 1. Wurf = i und den 2. Wurf = j gleich $1/36$. Die Wahrscheinlichkeit, daß der erste Wurf = 1 oder 2 und der zweite = 6 ergibt ist $P(1,6)+P(2,6)=1/18$.

Für eine mathematisch präzise Beschreibung von Zufallsexperimenten bilden wir den Ereignisraum auf die reellen Zahlen ab. Je nach dem Ereignisraum und den Ereignissen werden den Ereignissen ein oder mehrere Werte $\in\mathbb{R}$ oder ein Intervall $\in\mathbb{R}$ zugeordnet. Diese reellen Zahlen werden als Zufallsvariable bezeichnet. Das Wahrscheinlichkeitsmaß eines Wertes oder Wertebereiches der Zufallsvariablen stimmt mit dem Wahrscheinlichkeitsmaß des zugehörigen Ereignisses überein.

Beispiel: Wir würfeln dreimal und betrachten die Summe der Würfelaugen ohne die Reihenfolge der Würfe zu beachten. Die Summe der Augen sei k. k ergibt sich als Summe der Zufallsvariablen der drei Würfe

$x_1+x_2+x_3;\quad x_1,x_2,x_3\in\{1,2,3...6\}$
$P(z=k)=P\{(x_1,x_2,x_3)\in\Omega|x_1+x_2+x_3=k\}$
$P(1)=P(2)=P(k>18)=0$
$P(3)=1/216$
$P(4)=3/216$
usf.

$P(k)$ ergibt eine Verteilung der Zufallsvariablen $z=k$, die den Ereignissen des dreimal Würfelns und Addieren der Augenzahl entspricht.

Wenn wir also durch ein Zufallsexperiment Ereignisse erzeugen, dann bilden die zugehörigen Werte der Zufallsvariablen ein Verteilung über $\mathbb{R}$.

Eine wichtige Verteilung ist die Gleichverteilung. Führen wir ein Zufallsexperiment aus, bei dem die Zufallsvariable nur Werte in einem Intervall $[a,b]$ annimmt, so fallen bei entsprechend vielen Werten in jedes gleichlange Teilintervall annähernd gleich viele Werte der Zufallsvariablen. (Wir können das Experiment mit dem Rechner ausführen, indem wir die Randomfunktion für $[(b-a)x+a]$ aufrufen und zählen, wieviele Ereignisse in die Intervalle

$$\left(a, a+\frac{b-a}{100}\right)\left(a+\frac{b-a}{100}, a+\frac{2(b-a)}{100}\right) \ldots \left(a+\frac{9(b-a)}{100}, b\right)$$

fallen. Random produziert eine Gleichverteilung in (0,1).)

Die Gleichverteilung ist von Bedeutung, weil man aus ihr andere Verteilungen errechnen kann.

Es gibt viele Verfahren, gleichverteilte Zufallsfolgen zu erzeugen. Wir wollen hier die Methode der quadratischen Residuen vorstellen, die zufällige Null-Eins Folgen ergeben.

Für Primzahlen der Form $n = 4m + 3$ (z.B. 3,7,11,19,...)

bilden wir die Folge der Quadratzahlen 1,4,9,16,... bis $\frac{(n-1)^2}{4}$,

dann dividieren wir jede dieser Quadratzahlen durch n und schreiben die Reste auf. Diese Reste geben die Positionen der Einsen, alle anderen Positionen erhalten Nullen.

Beispiel: $n = 11$

$$1,4,9,16,25 = \frac{(11-1)^2}{4}$$

wir dividieren durch 11 und schreiben die Reste auf

$1/11 = 0$ Rest $\underline{1}$, $4/11 = 0$ Rest $\underline{4}$, $9/11 = 0$ Rest $\underline{9}$, $16/11 = 1$ Rest $\underline{5}$, $25/11 = 2$ Rest $\underline{3}$

Die Position der Reste und 0 setzen wir 1, den Rest 0.

	0	1		3	4	5				9	
(S_0 setzen wir 1)	↓	↓		↓	↓	↓				↓	
	1	1	0	1	1	1	0	0	0	1	0

Für die Überprüfung der Zufälligkeit der Null-Eins-Folge können viele Verfahren herangezogen werden. Wir wollen hier nur zwei Verfahren erwähnen.

1) Den Anpassungstest, bei dem die Verteilung überprüft wird. Dazu werden einige Stichproben aus der Folge zufällig gezogen und geprüft, ob diese Stichproben der Verteilung (in unserem Fall der Gleichverteilung) entsprechen. Natürlich gibt es Abweichungen, aber die statistische Verteilungsüberprüfung gibt an, wie groß diese Abweichungen mit welcher Wahrscheinlichkeit sein dürfen.

2) Der Iterationstest (in der englischen Literatur run length test) untersucht die Verteilung von Folgen identischer Symbole, z.B. Anzahl der aufeinanderfolgenden Einsen. (Iteration bedeutet hier: eine Folge identischer Symbole.) Die nächste Seite zeigt die Verteilung von Nulliterationen mit 3 Nullen für $n = 1051$ in verschiedenen Druckstärken.

1 1 0 0 1 1 1 0 0 1 0 1 0 0 1 0 1 **0 0 0** 1 1 0 0 1 1 1 0 0 1 1 **0 0 0** 1 0 1 0 1 1 **0 0 0**
1 1 1 1 0 0 1 0 1 0 1 1 1 1 1 **0 0 0** 1 1 0 1 0 1 1 0 1 1 **0 0 0** 1 0 0 0 0 1 1 1 1 1 1 0
0 0 0 1 0 1 0 1 1 0 1 1 0 1 1 0 0 1 1 1 0 1 **0 0 0** 1 0 0 0 0 1 0 1 1 1 1 0 1 0 1 1 **0 0**
0 1 0 0 1 0 0 1 0 0 0 0 1 1 0 1 1 1 **0 0 0** 1 0 1 0 1 0 1 1 **0 0 0** 1 0 1 0 0 0 0 0 1 1 0
1 1 1 0 1 1 0 0 1 **0 0 0** 1 0 0 0 0 1 1 0 0 1 0 1 1 0 0 0 0 0 1 0 1 0 0 0 0 0 0 1 1 1 0
1 1 1 1 1 1 1 0 1 1 1 1 1 1 1 1 1 0 0 1 0 0 0 0 1 0 1 0 0 1 1 0 1 1 0 0 1 0 0 1 1 1 1
1 1 0 1 1 1 1 1 0 0 1 1 1 **0 0 0** 1 1 1 1 1 0 1 0 0 1 0 1 1 1 0 1 **0 0 0** 1 1 0 1 0 1 1 0
0 1 1 0 1 1 1 0 0 1 1 0 0 0 0 1 1 1 1 1 0 0 1 1 0 0 1 1 1 1 0 1 0 1 1 1 0 0 1 0 0 1 0
0 1 **0 0 0** 1 1 1 0 1 0 0 1 0 1 0 0 1 1 0 1 0 1 1 0 0 1 0 1 1 1 0 1 0 0 1 0 1 1 1 1 0 0
1 1 0 0 1 0 1 1 1 1 1 1 0 1 0 1 1 0 1 1 **0 0 0** 1 1 1 1 1 1 1 1 1 1 1 0 0 0 0 0 0 0 1 1
0 1 0 0 0 0 0 1 0 1 0 1 0 0 1 1 0 1 0 0 0 0 0 1 0 1 **0 0 0** 1 **0 0 0** 1 1 1 1 **0 0 0** 1 0 1
1 1 0 1 1 0 1 1 1 0 0 1 1 1 0 0 0 0 1 1 0 0 1 0 1 1 1 1 1 1 0 1 1 0 1 0 0 0 0 1 0 1 0 1
0 0 0 0 1 1 0 1 0 1 0 1 0 1 0 0 1 1 1 1 0 1 0 1 0 1 1 1 1 0 1 0 0 1 0 0 0 0 0 1 0 1 1
0 0 1 1 1 1 **0 0 0** 1 1 **0 0 0** 1 0 0 1 **0 0 0** 1 0 1 1 1 0 0 0 0 1 1 1 0 1 1 1 0 1 0 1 1 1
1 1 0 1 0 0 1 1 0 1 0 1 0 1 1 1 1 1 0 1 0 0 1 1 1 1 1 1 1 0 0 0 0 0 0 0 0 0 0 0 1 1 1
0 0 1 0 0 1 0 1 0 0 0 0 0 0 1 0 1 1 0 0 1 1 0 0 0 0 1 0 1 1 0 1 **0 0 0** 1 0 1 1 0 0 1 0
1 0 0 1 1 0 1 0 1 1 0 1 **0 0 0** 1 1 1 0 1 1 0 1 1 0 1 1 **0 0 0** 1 0 1 0 0 0 0 1 1 0 0 1 1
0 0 0 0 0 1 1 1 1 0 0 1 1 **0 0 0** 1 0 0 1 1 0 0 1 0 1 0 0 1 1 1 0 1 **0 0 0** 1 0 1 1 0 1 0
0 0 0 0 1 1 1 **0 0 0** 1 1 0 0 0 0 0 1 0 0 0 0 0 0 1 1 0 1 1 0 0 1 0 0 1 1 0 1 0 1 1 1 1
0 1 1 0 0 0 0 0 0 0 0 0 1 0 0 0 0 0 0 0 1 **0 0 0** 1 1 1 1 1 1 0 1 0 1 1 1 1 1 0 0 1 0 1
1 0 0 1 1 1 1 0 1 1 1 0 1 1 0 0 1 **0 0 0** 1 0 0 1 1 1 1 1 0 1 0 1 1 1 0 0 1 0 1 0 1 0 1
1 1 **0 0 0** 1 0 0 1 1 1 1 0 1 1 0 1 1 0 1 1 1 0 0 1 0 1 0 0 0 0 1 0 1 1 1 1 1 0 1 1 1 0 1
0 0 0 1 1 0 0 1 0 0 1 0 0 1 0 1 0 1 1 1 1 0 0 0 0 0 0 1 1 1 1 0 1 1 1 0 0 1 0 0 1 0 1
0 0 1 1 1 0 0 0 0 0 1 0 1 0 1 1 0 0 0 0 1 1 1 0 0 1 0 1 0 1 1 1 0 0 1 1 0 0 0 1 1 0 0
1 1 1 0 1 0 1 1 0 1 0 1 1 **0 0 0** 1 1 0

Die Zusammenfassung von k Symbolen (Nullen oder Einsen) macht aus der Null-Eins-Folge eine zufällige gleichverteilte Zahlenfolge. Für gute Zufallsgeneratoren brauchen wir sehr lange Zahlenfolgen, womit die Überprüfungen sehr zeitraubend werden. Jeder mathematische Zufallsgenerator weist Schwächen auf, und vor seiner Benutzung muß man überprüfen, ob diese für die anstehende Simulation oder Wahrscheinlichkeitsberechnung vernachlässigt werden können. Schlechte Zufallsgeneratoren versagen schon bei der zufälligen Iteration. Bei dieser bestimmen wir die jeweilige Transformation des IFS durch die Wahrscheinlichkeiten p_i.

Beispiel:

$$p_1 = 0.1$$
$$p_2 = 0.6$$
$$p_3 = 0.3$$

Ist $\text{Random}(x) < 0.1 \rightarrow$ führen wir w_1 aus (p_1)
$0.1 \leq \text{Random}(x) < 0.7 \rightarrow$ führen wir w_2 aus (p_2)
$0.7 \leq \text{Random}(x) < 1.0 \rightarrow$ führen wir w_3 aus (p_3)

Genauso gut könnten wir

$$0.9 \leq \text{Random}(x) < 1.0 \rightarrow w_1 \quad (p_1)$$
$$0.6 \leq \text{Random}(x) < 0.9 \rightarrow w_2 \quad (p_2)$$
$$\text{Random}(x) < 0.6 \rightarrow w_3 \quad (p_3)$$

verwenden, da die Wahrscheinlichkeiten bei Gleichverteilung den Intervallängen proportional sind.

Eine weitere wichtige Verteilung ist die Gaußverteilung. Da sie eine Grenzwertverteilung für viele Verteilungen darstellt, ist sie für viele Anwendungen von Bedeutung. Man erhält sie z.B., wenn man die Summe von Zufallsvariablen bildet und die Anzahl der Summanden m sehr groß wählt (theoretisch unendlich). Für viele Anwendungen genügt es, m etwa 10 zu wählen.

Wir addieren je 4 gleichverteilte Zufallsvariablen aus unserer $n = 1051$ Folge, wobei wir vier Null-Einsen zu einer Zufallszahl zusammenfassen und tragen die Verteilung auf.

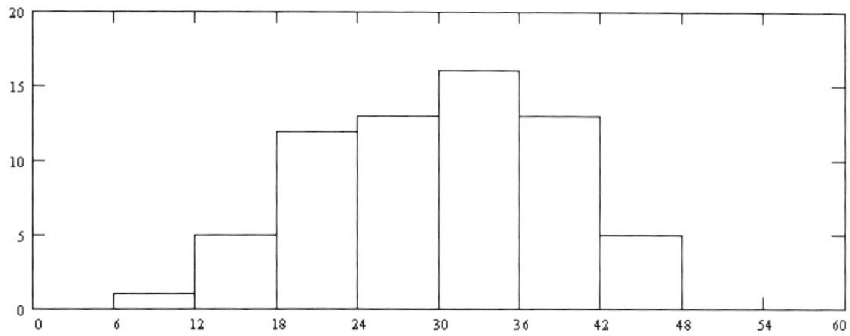

Bild 62: Verteilung der addierten Zufallszahlen

Das Ergebnis zeigt eine Verteilung, die der Gaußverteilung ähnelt, die auf jedem Zehnmarkschein zu finden ist. Sie wird durch zwei Kennzahlen charakterisiert, dem Mittelwert $\bar{x}$ und die Streuung σ (Breite der Verteilung)

$$y = \frac{1}{\delta\sqrt{2\pi}} e^{\frac{(x-\bar{x})^2}{2\delta^2}}$$

Es bleibt aber festzuhalten, daß alle vom Rechner erzeugten Zufallsfolgen deterministisch, d.h. vorherbestimmt sind. Daher nennen wir diese Zufallszahlen Pseudozufallszahlen. Für viele Fragestellungen verhalten sich diese aber so wie wirkliche Zufallszahlen und daher beschreiben die Ergebnisse von Simulationen wirkliche Sachverhalte oft recht gut.

15. Zufallswanderungen

Wenn ein Seemann eine Flaschenpost ins Wasser wirft, so geht er nicht davon aus, daß die Flasche wie eine Brieftaube unmittelbar auf ihr Ziel zueilt. Vielmehr wird die Flasche, von vielen unvorhersehbaren Kräften wie Wind, Wasserströmungen, Wellen getrieben eine höchst unregelmäßige Bahn verfolgen. Da unvorhersehbare oder Zufallsbahnen bei vielen Anwendungen interessieren, hat man eine theoretische Beschreibung solcher Bahnen angestrebt. Die theoretische Voraussage von Albert Einstein, daß das mittlere Verschiebungsquadrat proportional zur Wanderzeit sei, gilt für die sogenannte „Brownsche" Bewegung und wurde wenig später experimentell bestätigt.

Wir beginnen mit einem einfachen eindimensionalen Modell.

Ein Teilchen befinde sich zur Zeit $t = 0$ im Punkt $x = 0$. Mit der Wahrscheinlichkeit p_r wird es nach rechts gedrängt, mit p_l nach links $(p_l + p_r = 1)$. Der Einfachheit halber setzen wir $(p_l = p_r = \frac{1}{2})$. Nun würfeln wir mit dem Zufallsgenerator *Random*. Für $x < \frac{1}{2}$ machen wir einen Schritt nach rechts, für $x \geq \frac{1}{2}$ nach links. Das Teichen wird hin und her wandern. Nach N Schritten halten wir an und notieren die Endposition x_{N1}. Dann starten wir wieder bei $x = 0$ und notieren die Endposition x_{N2} nach N Schritten usf. Nach vielen Versuchen tragen wir die Verteilung der Endpositionen mit den entsprechenden Häufigkeiten auf. Da die Zufallsvariable x_{Nk} eine Summe von Einzelschritten (Elementarereignissen) darstellt, die unkorreliert sind, wundert es nicht, daß annähernd eine Gaußverteilung entsteht.

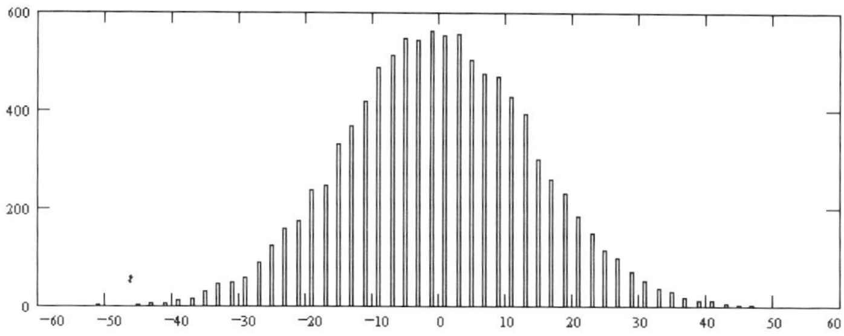

Bild 63: Verteilung der Endpositionen der eindimensionalen Zufallswanderung

Dabei ist zu beachten, daß nur wenige Versuche wieder bei $x_N = 0$ enden. Wenn wir mehr Schritte zulassen, dann wird die Verteilung breiter.

Das mittlere Verschiebungsquadrat charakterisiert die Breite der Verteilung und ergibt

$$\overline{\Delta x^2} = \sum_k x_k^{\,2} P(x_N = k) \propto N \quad \text{d.h.} \quad \sqrt{\overline{\Delta x^2}} \propto \sqrt{N},$$

d.h. wenn wir zufällig wandern, entspricht die mittlere Distanz vom Ausgangspunkt der Wurzel aus der Wanderzeit. Bei geradliniger Bewegung ist $s \propto t$, d.h. die Distanz entspricht der Wanderzeit.

Wir verwenden die 0,1-Folgen aus unserer Tabelle, um 11 typische Wanderungen zu erzeugen $(p_1 = p_2 = \frac{1}{2})$.

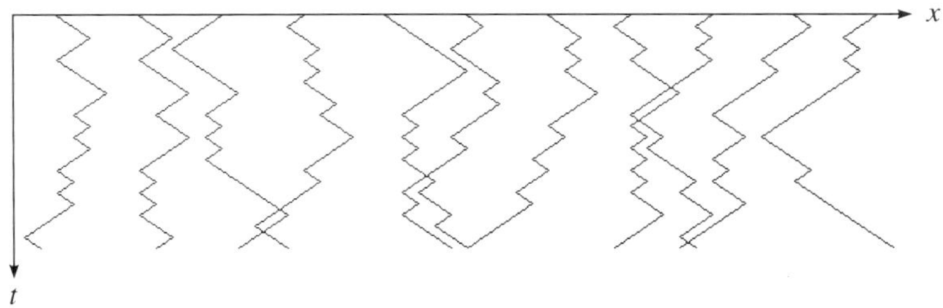

Bild 64: Zeitaufgelöste Zufallswanderungen

Ebenso wie eine eindimensionale Zufallswanderung können wir auch eine Wanderung in der Ebene ausführen. Dazu bewegen wir uns der Einfachheit halber auf einem zweidimensionalen Gitter. Die Wahrscheinlichkeit, in einer der vier Richtungen zu gehen, wählen wir mit $p_1 = p_2 = p_3 = p_4 = 1/4$ $\left(\sum p_i = 1\right)$. Wieder beginnen wir bei $x_1 = x_2 = 0$ und nach N Schritten tragen wir den Endpunkt x_{N1}, x_{N2} ein usf. Wir erhalten als Verteilung annähernd eine zweidimensionale Gaußverteilung, die mit größeren N weiter auseinanderfließt. Die Wanderkurven sind fraktale Gebilde mit der Dimension $d = 2$.

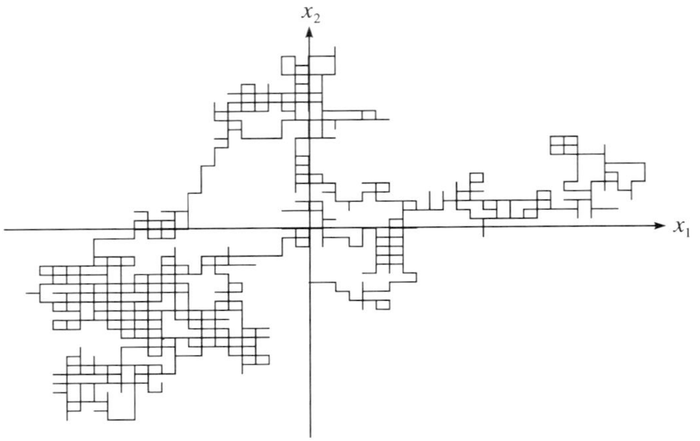

Bild 65: Eine zweidimensionale Zufallswanderung

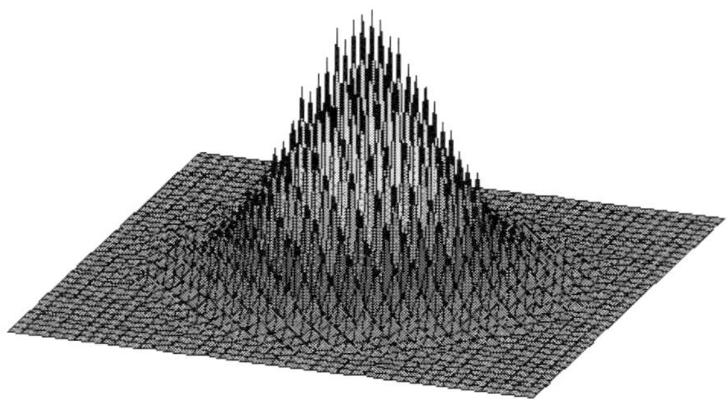

Bild 66: Verteilung der Endpositionen

Eine andere in vielerlei Hinsicht vorteilhafte Methode zur Erzeugung der Brownschen Bewegung ist die zufällige Mittelpunktsversetzung.

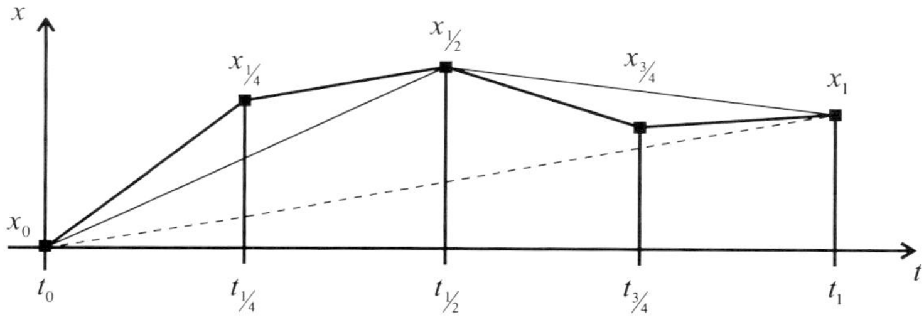

Bild 67: Zufällige Mittelpunktsversetzung

Es werden t_0 und t_1 festgelegt, x_0 wird = 0 gesetzt, x_1 erhält einen Wert aus $e^{-\frac{x^2}{2\delta^2}} \left(\overline{x_1^{\,2}} = t_1\delta^2\right)$. Dann wird t_0, t_1 halbiert und der Mittelwert $\frac{x_0 + x_1}{2}$ aufgetragen. Dazu wird ein Wert aus $e^{-\frac{x^2}{4\delta^2}}$ addiert. Dann wird bei $t_{1/4}$ $\frac{x_0 + x_{1/2}}{2}$ errechnet und dazu ein Wert aus $e^{-\frac{x^2}{8\delta^2}}$ addiert. Dasselbe passiert bei $t_{3/4}$ usf. Allgemein gilt, daß für $\Delta t = \frac{1}{2^n}$ ein $\overline{\Delta x^2} = \frac{\delta^2}{2^{n+1}}$ zur Berechnung der Mittelpunktsversetzung herangezogen wird $\left(\Delta x = \frac{\delta}{\sqrt{2^{n+1}}}\right)$. Die Werte aus den Gaußverteilungen werden zufällig gezogen.

Die dauernde Unterteilung und Verschiebung sichert statistisch wegen einer ständigen Verlängerung der Kurve fraktale Eigenschaften und ergibt eine Selbstähnlichkeit, d.h. daß ein Teil der entstehenden Bahn der gesamten Bahn statistisch ähnelt.

Hier soll an die Geschichte von Gulliver erinnert werden. Kommt dieser auf seinen Reisen in ein unbekanntes Land, so kann er aus Gegenständen des täglichen Gebrauches, z.B. einem Stuhl, sofort feststellen, ob er sich im Land der Riesen oder der Zwerge befindet, ohne einen Bewohner gesehen zu haben. In einer selbstähnlichen fraktalen Welt wäre dies unmöglich, da diese bei jeder Skalengröße gleich aussieht.

Wir wollen die Brownsche Bewegung etwas verallgemeinern und auch die statistische Selbstähnlichkeit mathematisch beschreiben.

Dazu fordern wir, daß $\overline{[x(t_2)-x(t_1)]^2} \propto |t_2 - t_1|^{2H}$ d.h. der Mittelwert der quadratischen Abweichung der Auslenkung zu den Zeiten t_1, t_2 ist proportional der Zeitdifferenz hoch $2H$ ($0<H<1$). Für $H = \frac{1}{2}$ erhalten wir die Bedingung für die Brownsche Bewegung.

Wenn wir nun die Abstände der Werte $t - t_0$ auf $r \cdot t - t_0$ ändern, dann müssen wir auch die Höhenskala $x(t) - x(t_0)$ auf $\frac{x(rt) - x(t_0)}{r^H}$ ändern (durch r^H dividieren) um Selbstähnlichkeit zu erhalten. Für $r = 2$ und $H = ½$ erhalten wir die Brownsche Bahn von vorher.

$$x(t) - x(t_0) \to \frac{x(2t) - x(t_0)}{\sqrt{2}}$$

Wenn $H > \frac{1}{2}$, werden die Kurven glatter (Bild 68 a)

Wenn $H < \frac{1}{2}$, werden die Kurven rauher (Bild 68 c)

Bild 68: Ein Zwischenschritt in der Berechnung der Kurven für:

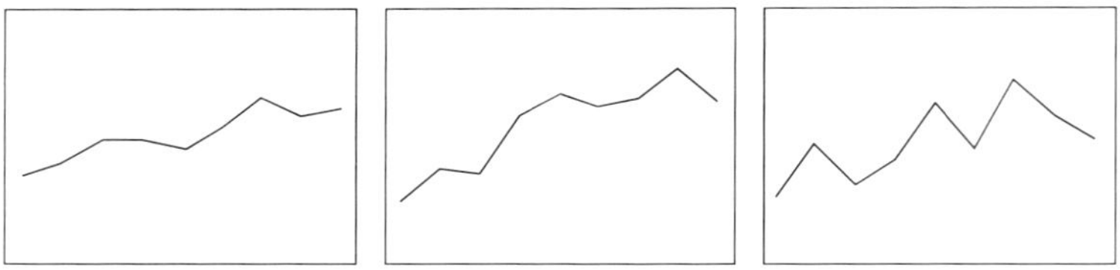

a) H = 0.75 **b)** H = 0.5 **c)** H = 0.25

(Sollte $H = 1$ gesetzt werden, ergibt sich $x(t) - x(t_0) \to \frac{x(2t) - x(t_0)}{2}$, was einer Geraden entspricht ($D = 1$)).

Bisher haben wir ausschließlich die Bewegung in einer Dimension beschrieben. Die Methode läßt sich aber auch auf höhere Dimensionen anwenden. Wir werden dies in Kapitel 20 für die Generierung von Landschaften durchführen. Dann entspricht die fraktale Dimension einer Linie gleicher Höhe $D = 2 - H$.

16. Vom Deterministischen zum Zufallsfraktal

Es gibt eine Reihe von Methoden, um von gleichen deterministischen zu individuellen zufälligen Fraktalen zu gelangen. Die einfachste besteht darin, in einem Bild verschiedene, annähernd gleich aussehende Fraktale zu mischen. Annähernd gleich aussehende Fraktale erhält man, indem man die Werte der Transformationsmatritzen der zugehörigen IFS leicht abändert.

Die gängige Methode besteht darin, bei der Erzeugung eines Fraktals bei jedem Verfeinerungsschritt zufällige Elemente einzubringen. Dies läßt sich mit der zufälligen Iteration nicht durchführen. Wir werden daher eine Methode der Fraktalerzeugung besprechen, die zwar nicht so elegant abläuft, dafür aber die erwünschten Eingriffe gestattet. Das Prinzip zeigt unser Beispiel von der zufälligen Kochkurve.

Wir gehen von einer Strecke, oder einem Polygon von Strecken aus. Dann definieren wir einen Generator, der festlegt, wie man die Strecke bei einem Verfeinerungsschritt zu ersetzen hat. Jede, bei der Verkleinerung entstehende, neue Strecke wird im nächsten Verfeinerungsschritt erneut mit dem Generator ersetzt usf.

Beispiel: Koch-Kurve

Generator: 

$N = 4$, vier Strecken entstehen;
$r = \frac{1}{3}$, die neue Streckenlänge ist $1/3$ der alten.

Die fraktale Dimension ergibt sich zu:

$$-\frac{\ln N}{\ln r} = \frac{\ln 4}{\ln 3} \approx 1.2618$$

In der Folge ändern wir die Methode der Kurvenerzeugung, um immer „zufälligere“ Kurven zu erhalten.

Beim der ersten Änderung der Methode zum Zufallsfraktal variieren wir die Richtung, in der die Zacke zeigt, mit Hilfe des Zufallsgenerators.

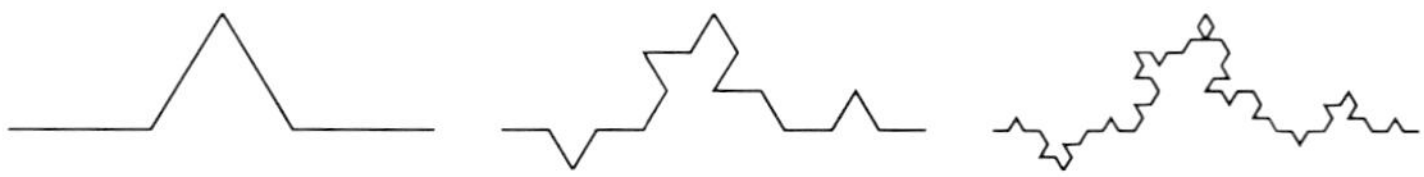

Beim der nächsten Methode ändern wir die Position der Zacken entsprechend einer Gaußverteilung.

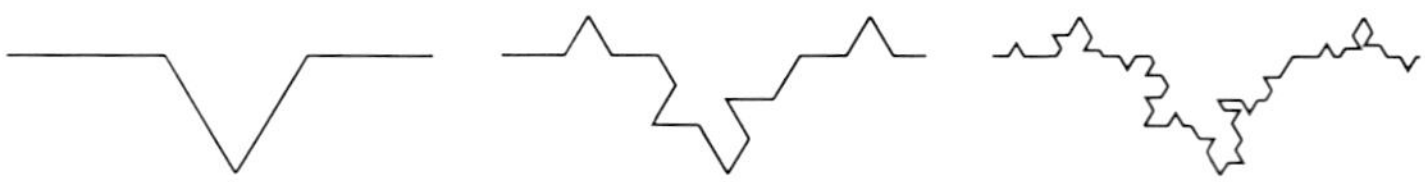

Dann wird die Zackenhöhe entsprechend einer Gaußverteilung variiert.

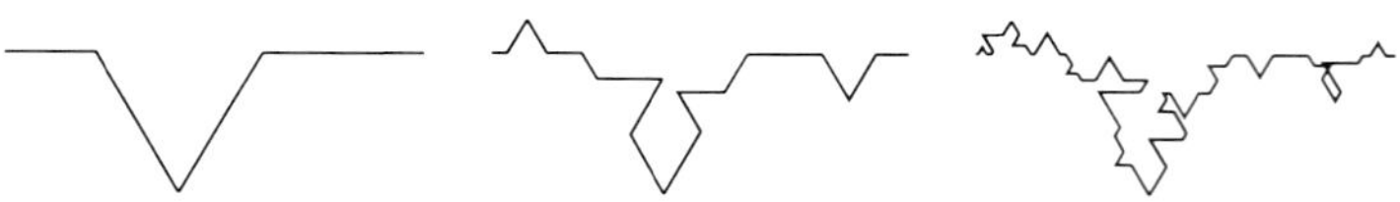

Im statistischen Mittel aber folgen wir den Verfeinerungsgesetzen des Generators.

Generator: $\begin{array}{l} N=2 \\ r=\frac{1}{\sqrt{2}} \end{array}$ $D=\dfrac{\lg 2}{\lg\sqrt{2}}=\dfrac{2\cdot\lg\sqrt{2}}{\lg\sqrt{2}}=2$

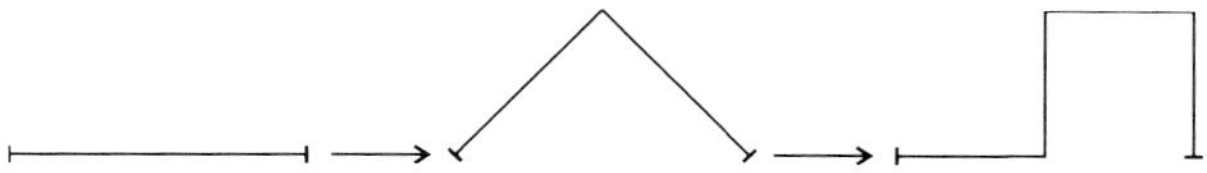

$D=2$ zeigt uns an, daß die entstehende Kurve die Ebene ausfüllt.

Die Richtung des Winkels wird regelmäßig gewechselt.

Die erste Änderung betrifft die Richtung des Winkels.

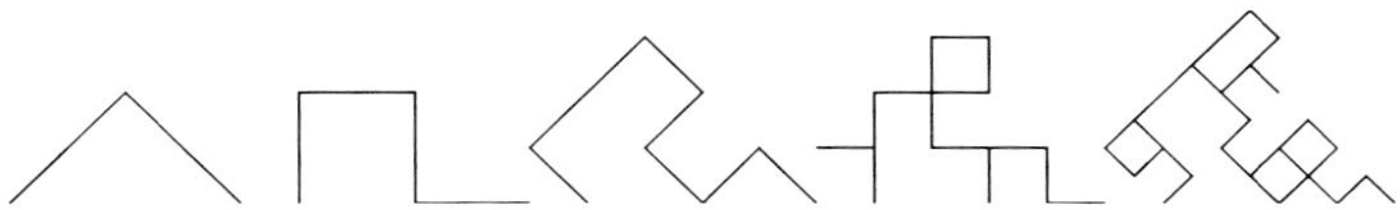

Die zweite Änderung die Höhe der Spitze (oder den Winkel an der Spitze).

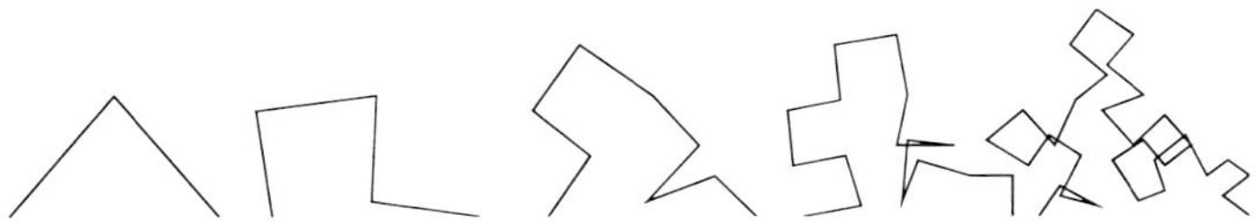

Zufalls-Sierpinski-Teppich:

Die Unterteilung der Dreieckseiten folgt einer Gaußverteilung.

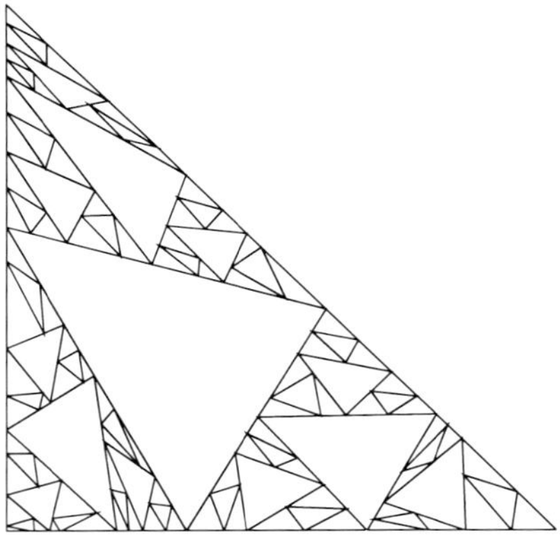

Es wird durch Zufall bei jedem Verfeinerungsschritt das Dreieck bestimmt, das nicht weiter unterteilt wird. (Beim deterministischen Sierpinskiteppich ist dies immer das mittlere Dreieck.)

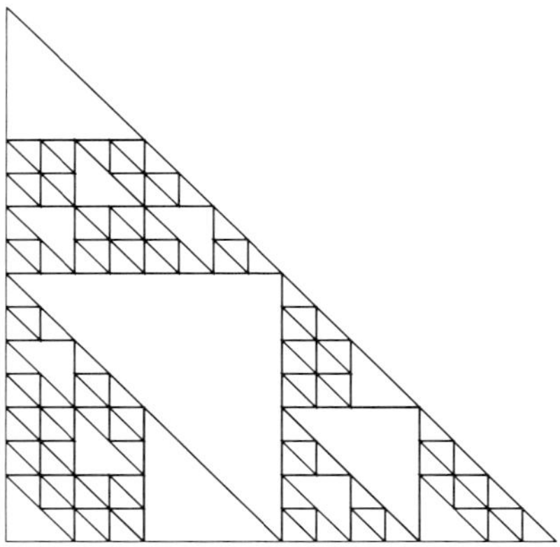

Die Kombination beider Methoden gibt folgendes Bild.

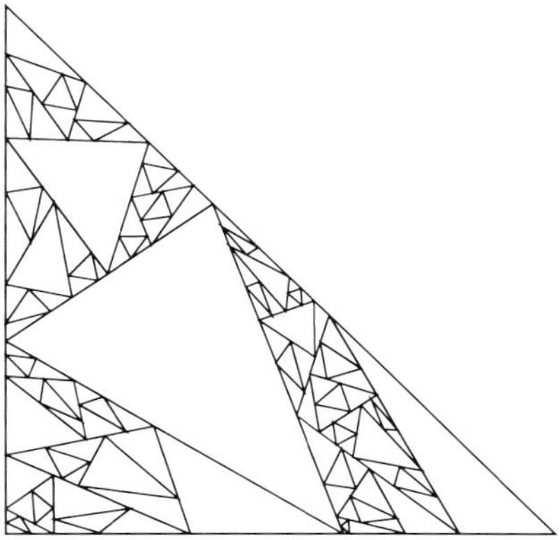

17. Fraktale in der Natur

Vorab gesagt - es gibt keine. Ein Fraktal ist ein mathematisches Gebilde - eine Abstraktion. Genausowenig wie es in der Natur einen Punkt, eine Gerade, Ebene oder eine ideale Kugel gibt, gibt es ein Fraktal. Aber es gibt Gebilde, die einem Fraktal nahe kommen. Zum Beispiel auf unserem Rechnerbildschirm oder bei der Brownschen Bewegung, bei Bäumen, Lungen, Flüssen, Bergen usf. Vor allem beim Skalierungsbereich müssen wir erhebliche Abstriche machen. Nach unten sind wir durch die Granularität der Stoffe begrenzt, auf denen unsere fraktalähnlichen Gebilde leben, wie Pixelgröße am Bildschirm, Zellgröße bei organischen Gebilden, nach oben durch Bildschirmgröße, maximale Baumgröße oder Flußlänge. Im allgemeinen können wir etwa drei bis fünf Verkleinerungsschritte sehen. Egal wie detailliert wir unser Fraktal auch rechnen - sehen können wir nur einige Größenordnungen. Rechnen können wir zwar einen wesentlich weiteren Skalierungsbereich, aber auch da gibt es eine Grenze - die Genauigkeit.

Für alle Gebilde, die mit Fraktalen vergleichbar sind, gibt es in der Wissenschaft schon lange eine Sonderdisziplin - die sogenannte stochastische Geometrie. Sie beschäftigt sich mit geometrischen Formen, die von statischen Gesetzen beeinflußt werden, wie die Porenverteilung in Filtern, Filteroberfläche, der Rauhigkeit von geschliffenen Werkstückoberflächen, der Verteilung von Fasern in Geweben usf. Die mathematischen Kennwerte, die uns die Fraktale liefern - z.B. deren Dimension - gibt uns neue ergänzende Beurteilungskriterien für die Objekte der stochastischen Geometrie. In der Folge wollen wir einige Anwendungsgebiete ohne Anspruch auf Vollständigkeit aufzeigen, wo die fraktale Betrachtungsweise neue Einsichten zur stochastischen Geometrie liefert. Wir beschränken uns hier auf zweidimensionale - oder Schnitte dreidimensionaler Objekte.

Bild 69 zeigt die Projektion eines Rußteilchens. Wir interessieren uns für die fraktale Dimension seiner Grenze. Wir können diese bestimmen, indem wir unseren Gitteralgorithmus anwenden und dieser liefert uns auch zufriedenstellende Werte. Wir wollen aber hier, um weitere Einsichten zu gewinnen, eine andere Methode einsetzen, die durch Bild 69 erläutert wird.

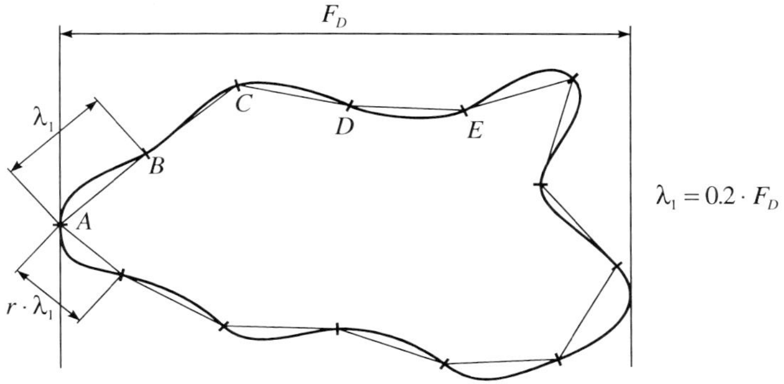

Bild 69: Messung der fraktalen Dimension

Es wird der größte Durchmesser bestimmt (F_D) und dann λ gleich einem Bruchteil von F_D gesetzt (z.B. $\lambda_1 = 0.2 \cdot F_D$). Dann wird mit einem Zirkel von *A* ausgehend λ aufgetragen, um *B* zu bestimmen, von *B* aus wird *C* bestimmt usf. bis zu *A* zurück.

Bei einem fraktalen Umfang wird mit kleiner werdendem Maßstab die gemessene Umfangszahl immer größer. Die fraktale Dimension bestimmt man aus der Steigung der Umfangs(Maßstab)-Kurve, die doppeltlogarithmisch aufgetragen wird.

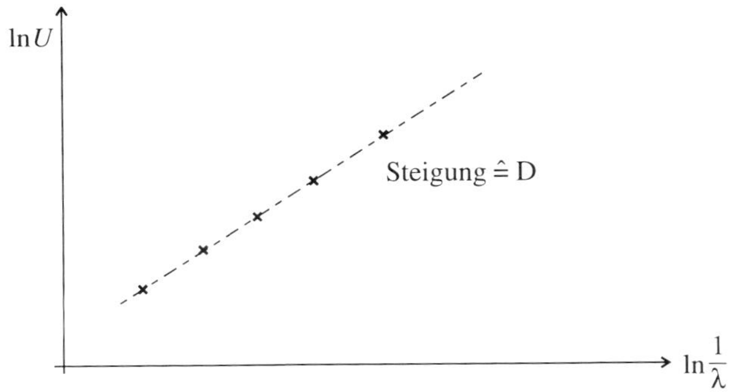

Bild 70: Umfangs(Maßstab)-Kurve

Normalerweise wird A nicht wieder genau erreicht, sondern ein Rest $r \cdot \lambda$ auf A übrigbleiben. Der Umfang, mit diesem Verfahren gemessen, gibt $U_1 = n \cdot \lambda_1 + r \cdot \lambda_1$; dann wird λ verkleinert, z.B. $\lambda_2 = 0.1 \cdot F_D$ und dieselbe Prozedur wiederholt. Wir erhalten eine Folge von Umfangsmessungen U_i. Diese U_i tragen wir als Funktion der λ_i doppeltlogarithmisch auf und erhalten die fraktale Dimension aus der Steigung. (Diese Steigung muß nicht für alle λ-Bereiche konstant sein.) Das annähernd gleiche Ergebnis bekämen wir durch Anwendung des Gitteralgorithmus.

Die folgenden Beispiele zeigen die fraktale Struktur des Randes einer Überlagerung von Kreisscheiben. Es zeigt sich, wie erwartet, daß ein krauserer Umfang eine höhere fraktale Dimension ergibt.

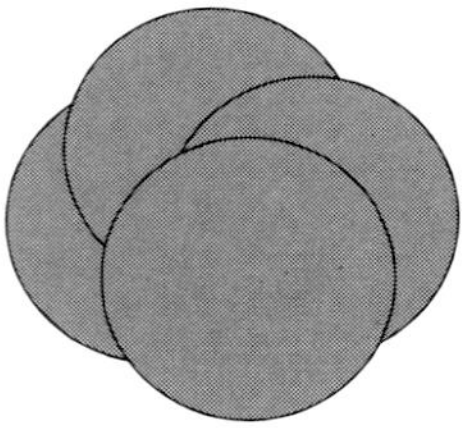

$D_b > D_a$

a)

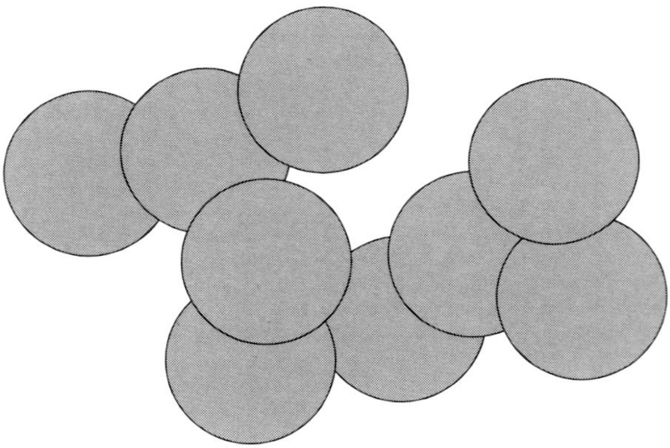

b)

Bild 71: Überlagerung von Kreisscheiben

Diese Überlagerung von Kreisscheiben kann durch Anlagerung kleiner Kügelchen (Aggregation) entstehen, und kommt in der Natur häufig vor.

Natürlich kann bei entsprechenden Strukturen statt des Umfangs z.B. die Gesamtlänge bestimmt werden.

In der Folge wollen wir Beispiele aus einer Reihe von Anwendungsbereichen der folgenden Art zeigen.

- Küstenlinien, Gebirgsketten
- Versickerungswege (Percolation), Flußsysteme, Arterien- bzw. Venenstrukturen, Lunge
- Metallkorngrenzen (Schliff), Pulverteilchen, Sandkornstrukturen, Betonstrukturen, Toner (Kopiertechnik) , Rauhigkeit von Oberflächen, Filter (Verteilung von Hohlräumen), Faserwerkstoffe, Rißstrukturen
- Aggregation (Anlagerungen) bei Kolloiden, Pigmenten, Staubteilchen, Rußteilchen, Dendriten, Adsorption (Anlagerung von Teilchen an Oberflächen)
- Blätter, Bäume, Farne
- Grenzen von Rauchfahnen

Einige Beispielgruppen werden im folgenden eingehender behandelt (Aggregation, Pflanzen, Landschaften).

18. Aggregation

Unter Aggregation verstehen wir das Aneinanderhaften von Teilchen. Als Beispiel wollen wir die diffusionsbegrenzte Aggregation erläutern. Man stelle sich ein Teilchen im Zentrum eines Kreises vor. Zufällig von irgendeinem Punkt des Umfangs läßt man dann Teilchen - eines nach dem anderen - sich in einer Zufallswanderung zum Mittelpunkt bewegen. Wenn das wandernde Teilchen ein ruhendes berührt, beendet es seine Bewegung und ein neues Teilchen startet am Kreisumfang. Nach der Wanderung vieler Teilchen entsteht so vom Mittelpunkt wachsend ein Gebilde, dessen Teilchen sich berühren.

Bild 72: Diffusionsbegrenzte Aggregation

Wir bezeichnen als $M(r)$ die Anzahl der Teilchen innerhalb des Radius r. Lägen die Teilchen dicht, so müßte $M(r) \propto r^2$ sein. Bei der diffusionsbegrenzten Aggregation wächst $M(r) \propto r^{d_f}$, wobei d_f die fraktale Dimension darstellt $\left(d_f < d = 2\right)$. Anstatt in einer Zufallswanderung gegen den Mittelpunkt zu wandern, können Teilchen auch senkrecht auf einer Geraden (oder einer Ebene) aufwachsen. In diesem Fall wandern sie von oben nach unten.

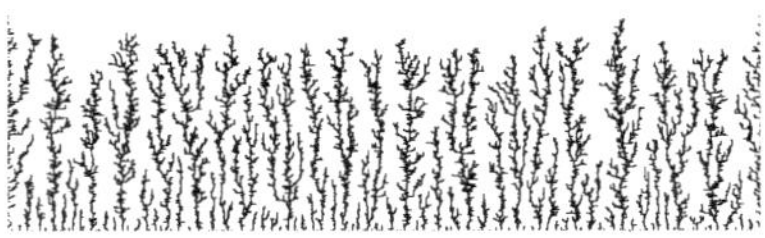

Bild 73: Aggregation auf einer Geraden

Wählt man für die Teilchenbewegung nicht Zufallswanderungen mit starker Querbewegung, sondern geradlinige, von zufälligen Positionen ausgehende Pfade, so spricht man von ballistischer Aggregation.

19. Pflanzen

Michael Barnsleys Farn wurde zum Symbol für Fraktale und zweifellos bilden Pflanzen ein besonders attraktives Anwendungsgebiet.

Bild 74: Farn

Das zugehörige IFS besitzt folgende Parameter

w	a	b	c	d	e	f	p
1	0.00	0.00	0.00	0.16	0.00	0.00	0.01
2	0.85	0.04	-0.04	0.85	0.00	1.60	0.85
3	0.20	-0.26	0.23	0.22	0.00	1.60	0.07
4	-0.15	0.28	0.26	0.24	0.00	0.44	0.07

Ein weiteres Beispiel sind Blätter.

$$w_i(z) = s_i z + (1 - s_i) a_i \quad i = 1, 2, 3, 4$$

s	a
0.6	0.45+0.9i
0.6	0.45+0.3i
0.4-0.3i	0.60+0.3i
0.4+0.3i	0.30+0.3i

Bild 75: Blatt

IFS-Parameter für einen fraktalen Baum

w	a	b	c	d	e	f	p
1	0.00	0.00	0.00	0.50	0.00	0.00	0.05
2	0.42	-0.42	0.42	0.42	0.00	0.20	0.40
3	0.42	0.42	-0.42	0.42	0.00	0.20	0.40
4	0.10	0.00	0.00	0.10	0.00	0.20	0.15

Bild 76: Baum

20. Landschaften

Als Beispiel für fraktale Formen wollen wir fraktale Landschaften erzeugen. Der hier angewandte Algorithmus bedient sich der Mittelpunktsversetzung bei Flächen. Unterlegt man ein quadratisches Gitter, so werden zuerst die vier Eckpunkte festlegt und dann der Mittelpunkt als Mittelwert errechnet und zu diesem ein Zufallswert aus einer Gaußverteilung addiert. Dann werden die Werte der Seitenmittel gerechnet und ein Zufallswert aus einer um $\frac{1}{\sqrt{2^H}}$ reduzierten Gaußverteilung addiert. Dieser Vorgang wird mit ständiger Verkleinerung um $\sqrt{2}$ der Längen und $\frac{1}{\sqrt{2^H}}$ der Gaußschen Zufallswerte wiederholt, bis man die gewünschte Auflösung erreicht hat.

Wir erhalten so eine Landschaft, deren Formen mit großem H $(0 < H < 1)$ sanft und mit kleinem H rauh werden. Man kann auch eine horizontale Ebene durch einen bestimmten Wert wählen und blau färben, womit man Inseln erhält. Wird der Blick von oben gewählt, sieht man die Küstenlinie. Diese hat die fraktale Dimension $2 - H$. Als Höhenfarben kann man Atlasfarben wählen oder je nach Geschmack natürliche. Eine interessante Verformung der Landschaft kann man durch Änderung der Höhenskala erreichen. Bei Ersatz der Höhenwerte h_{ij} durch h_{ij}^m ergibt sich für $m > 1$ eine Verflachung der niedrigeren Regionen und eine Überhöhung der Gipfel (Alpengefühl; Bild 77). Für $m < 1$ werden die Höhen abgeflacht und die Täler steil (Norwegengefühl; Bild 78).

Natürlich kann man Landschaftstypen mischen. Eine besonders spektakuläre Mischung geben sanfte Hügel mit wilden Gipfeln. (Dolomitengefühl; Bild 79). Man kann den Meeresspiegel bei Inselbildern steigen oder sinken lassen und auch Seen in Mulden erzeugen.

Interessanterweise ergeben Aufsichtbilder mit Farbskalen von Weiß bis Hellblau mit blauem Untergrund sehr schöne Wolken. Deren Größe und Struktur kann man mit den oben beschriebenen Maßnahmen variieren. Man muß selbst Versuche durchführen, um die Möglichkeiten auszuschöpfen und Formen- und Farbskalen zu erproben.

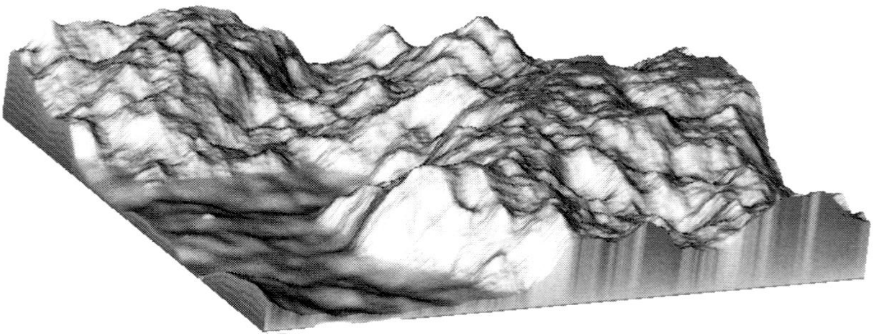

Bild 77: Alpenlandschaft

Bild 78: Norwegischer Fjord

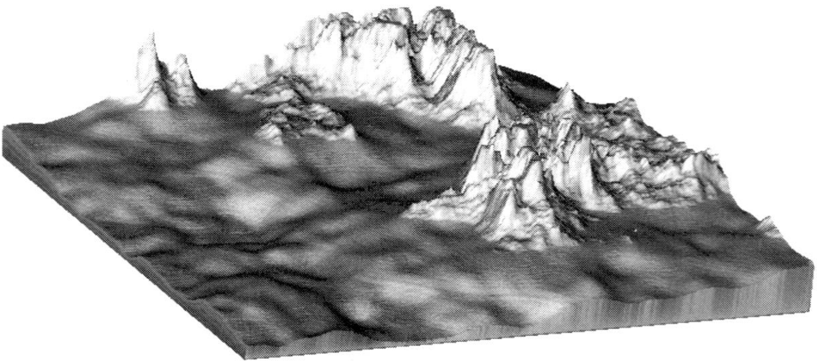

Bild 79: Dolomitenlandschaft

21. Die Grafik

Um Fraktale wirksam ins Bild zu setzen, braucht man eine leistungsfähige Grafik. Rasterdisplays besitzen einen Videospeicher, dessen Inhalt sequentiell auf dem Bildschirm dargestellt wird. Jedem Pixel wird dabei eine Farbe zugeordnet. 256 Farben sind für gute Fraktalbilder erforderlich. Eine sorgfältige Auswahl von Farbskalen kann die Qualität der Bilder sehr stark beeinflussen. Im allgemeinen muß man sich vor zu kräftigen Farben hüten. Empfohlen wird eine gedämpfte Hintergrundfarbe mit nur wenigen kräftigen Farben im Vordergrund.

Auch die Auswahl der dargestellten Ausschnitte von Fraktalen muß mit Sorgfalt erfolgen. Das Fraktal darf dem Rand nicht zu nahekommen, nicht zu klein in der Mitte kleben und nicht zu steif wirken. Es empfiehlt sich eine Nachbearbeitung gerechneter Fraktale mit einem Bildverarbeitungsprogramm, um Farben, Ausschnitt und Geometrie (Verzerrungen) zu variieren. Die Auflösung findet ihre Grenzen bei ca. 1000 x 1000 Pixel. Die in diesem Buch gezeigten Beispiele sollen als Anregung dienen und den Ehrgeiz wecken, es besser zu machen.

22. Wozu nützen Fraktale?

Eigentlich sollten wir gesehen haben, was Fraktale alles leisten und dennoch wollen wir in diesem Kapitel den Nutzen von Fraktalen aufzeigen und auch praktische Anwendungen, die über wissenschaftliches Interesse hinausgehen, vorstellen.

a) Fraktale als Elemente der Beschreibung von Naturphänomenen

Wie man insbesondere dem Buch "Die fraktale Geometrie der Natur" von B. Mandelbrot entnehmen kann, kann man mit fraktaler Geometrie viele Naturphänomene aus so unterschiedlichen Gebieten wie Kristallwachstum, Astronomie, Biologie usf. besser erklären und verstehen. Insbesondere als Ergänzung und zur tieferen Einsicht in Probleme der stochastischen Geometrie ergeben sich neue qualitative und quantitative Verbesserungen und Vereinfachungen. Letztlich ergänzt diese geometrische Erweiterung unser Bild von der Welt, das bei der klassischen Geometrie auf Gerade, Kugel, Zylinder usf. begrenzt war. Diese neue Sichtweise sollte auch über den Kreis von Mathematikern und Naturwissenschaftlern hinaus wirksam werden, um auch Architekten, Künstlern und anderen, fraktale Welten zu öffnen.

b) Fraktale und die Grafik

Wie aus vielen Beispielen ersichtlich, erweisen sich Fraktale für die Grafik als außerordentlich wichtig. Viele natürliche Formen, wie Wolken, Pflanzen, Landschaften, können mit Hilfe von Fraktalen systematischer und einfacher generiert werden. Darüber hinaus ermöglichen Fraktale die Generierung von Texturen. Diese erlauben eine natürliche Gestaltung von Oberflächen wie Rinde, Gestein, Gras usf. durch einfache IFS-Anwendungen.

Man kann sozusagen IFS-Texturen nach Bedarf einsetzen und benötigt dazu nur wenige Transformationskoeffizienten.

c) Die fraktale Kompression von Bildern

Man kann ein Bild als eine regelmäßige Anordnung von Pixeln mit bestimmten Intensitäten und Farben ansehen. Dann muß man alle Pixel aufbewahren, um das Bild wiedergeben zu können. Oder man benutzt lokale Bildzusammenhänge, um die Information einzuschränken, z.B. daß bei vielen Bildern die Umgebung eines Pixels mit diesem in Intensität und Farbe verwandt ist (korreliert). Diese Eigenschaft kann man nutzen, um Informationen zu sparen. Dazu wird das Bild in rechteckige Abschnitte geteilt, die getrennt komprimiert werden. Bei der Dekompression findet das Gegenteil statt.

Man kann aber auch ganz anders vorgehen. Bei fast allen Bildern fällt auf, daß zwischen den Bildelementen Bezüge bestehen. Zum Beispiel kommen Wandteile in verschiedenen Teilen eines Bildes vor. Oder ein Felsstück gleicht einem größeren an anderer Stelle im Bild. Die fraktale Bildkompression geht nun davon aus, diese Bezüge im Bild durch Transformationen zu beschreiben (wie beim IFS). Dazu wird ein Bild zweimal in Segmente eingeteilt. Einmal in sogenannte „range regions" (Bereiche), die dem Bildinhalt angepaßt sind und sich auch überlappen können. Zum anderen in regelmäßige „domain regions", die das Bild in Rechtecke mit gewünschten Auflösung unterteilen (Bild 80). Nun gilt es, für jede „domain region" eine „range region" zu finden, die größer sein muß und durch eine affine Transformation in die „domain region" abgebildet werden kann (kontraktive Transformation). Der Inhalt muß gleich oder sehr ähnlich aussehen. Hat man für alle „domain regions" diese Transformation gefunden (es kann dieselbe „range region" auf verschiedene „domain regions" abgebildet werden), dann hat man das Bild durch Transformationen beschrieben. Die wenigen Parameter der Transformation ergeben die Informationsersparnis im Verhältnis zu der Angabe aller Pixelwerte.

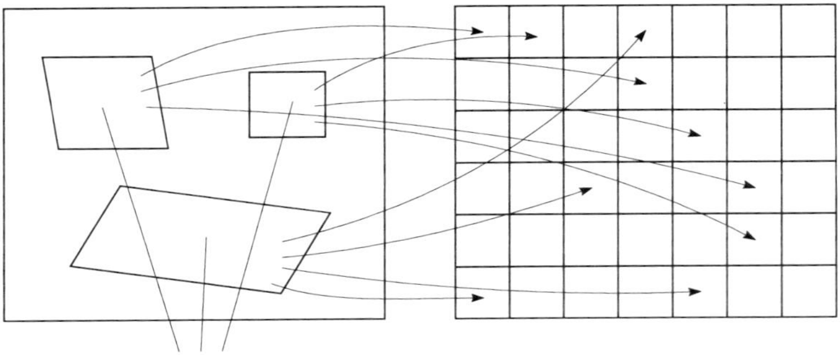

Bild 80: Die fraktale Kompression

Der gesamte Vorgang der Kompression läuft wie folgt ab:

1. Unterteile das Bild in „domain"-Regionen, die es überdecken.
2. Speichere die „domain"-Einteilung im Kompressionsfile.
3. Definiere „range"-Regionen, die größer als die „domain"-Regionen sind (Sie können sich überlappen und müssen das Bild nicht überdecken) (abspeichern in den Kompressionsfile)
4. Finde für jede „domain"-Region eine Transformation aus einer „range"-Region (affin, kontrahierend).
5. Speichere die Transformationskoeffizienten im Kompressionsfile.
6. Packe den Kompressionsfile (mit gängigen Methoden).

Die Dekompression (Bildrückgewinnung) läuft nun ab wie folgt:

1. Setze zwei Speicherbereiche $A1$ und $A2$ mit gewünschter Bildgröße auf. (Sie kann verschieden vom Ursprungsbild sein.)
2. Teile $A2$ in die „domain"-Regionen auf.
3. In $A1$ kann sich ein beliebiges Anfangsbild befinden. Lies für jede „domain"-Region die Transformationskoeffizienten und transformiere den entsprechenden Bereich („range") von $A1$ in die „domain" $A2$.
4. Teile $A1$ in die „domains" und verfahre wie unter 3. nur diesmal von $A2$ nach $A1$.
5. Wiederhole 3. und 4. bis der Unterschied der Inhalte von $A1$ und $A2$ genügend klein wird.

Dann hat man ein Bild, das dem Originalbild sehr nahekommt.

Bild 81: Ein Zeitgenosse und Geräte aus der Zeit Lichtenbergs
Links das Originalbild (Größe ca. 350000 Bytes), Mitte komprimiert auf ca. 60000 Bytes und rechts auf ca. 7000 Bytes.

Alle Kompressionsverfahren nutzen Redundanz (überschüssige Information) zur Reduktion der Bildinformation, z. B. die klassischen Verfahren, die Verwandtschaft in der Umgebung jedes Pixels, das fraktale Verfahren die Redundanz affiner Bezüge.

23. Fraktale und die Kunst

Sicher gibt es Berufenere für eine Diskussion dieses Themas, doch führten viele Gespräche mit Kollegen und Künstlern zur Bildung der hier niedergeschriebenen Meinung. Fraktale und Kunst führen zu einer geteilten Betrachtungsweise.

Wie Kegel, Punkt, Linie, Kugel, sind Fraktale geometrische Abstraktionen, die bei der Betrachtung unserer Umgebung und damit der Sicht der Welt eine Rolle spielen können. Ein Baum sieht verschieden aus, je nachdem, ob wir ihn uns aus Zylindern zusammengesetzt denken oder ob wir seine fraktale Struktur erkennen. Ein Künstler mit fraktaler Sehweise wird diese in seinen Arbeiten einbringen - ob er will oder nicht.

Davon völlig unabhängig aber derzeit natürlich aktueller, muß der Einsatz von Rechnern zur Generierung von fraktalen Bildern gesehen werden. Das Problem Kunst und Rechner hat nichts Fraktalspezifisches. Dabei geht es um die Rolle des Handwerklichen in der Kunst. Kann Programmieren Kunst sein? Kann ein Computer als ein neues komplexes Malwerkzeug verstanden werden? Wie dem auch sei - es gibt Computerkunst und wenn man dies anerkennt - dann haben auch Fraktale ihren Anteil. Auch mit Fotografie und Kunst gab es anfänglich Probleme, und doch hat die Fotografie ihren Platz in der Kunst erworben.

Das Wichtigste bei der Kunst: Selber machen.

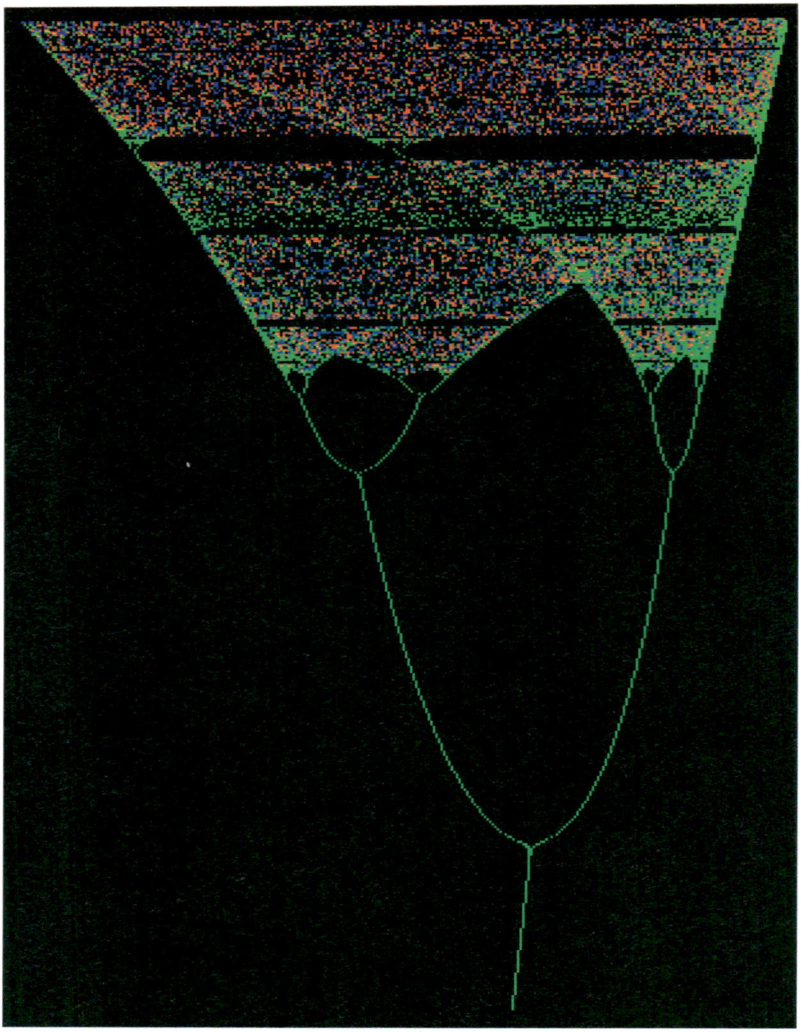

Farbabbildung 1: Abhängigkeit des Feigenbaumdiagramm von der Anfangsbedingung (blau: x_{01}, rot x_{02}, grün: der Attraktor ist unabhängig von der Anfangsbedingung).

Farbabbildung 2: Eine kühne Lyapunov-Malerei.

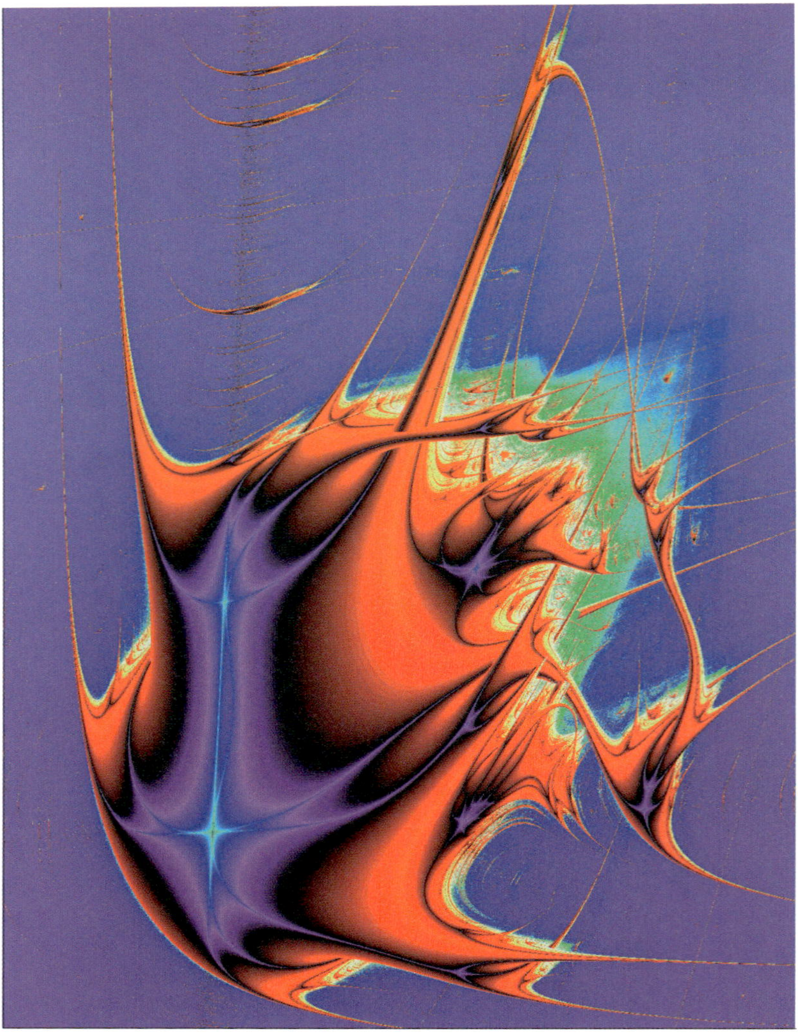

Farbabbildung 3: Eine weitere Lyapunov-Malerei.

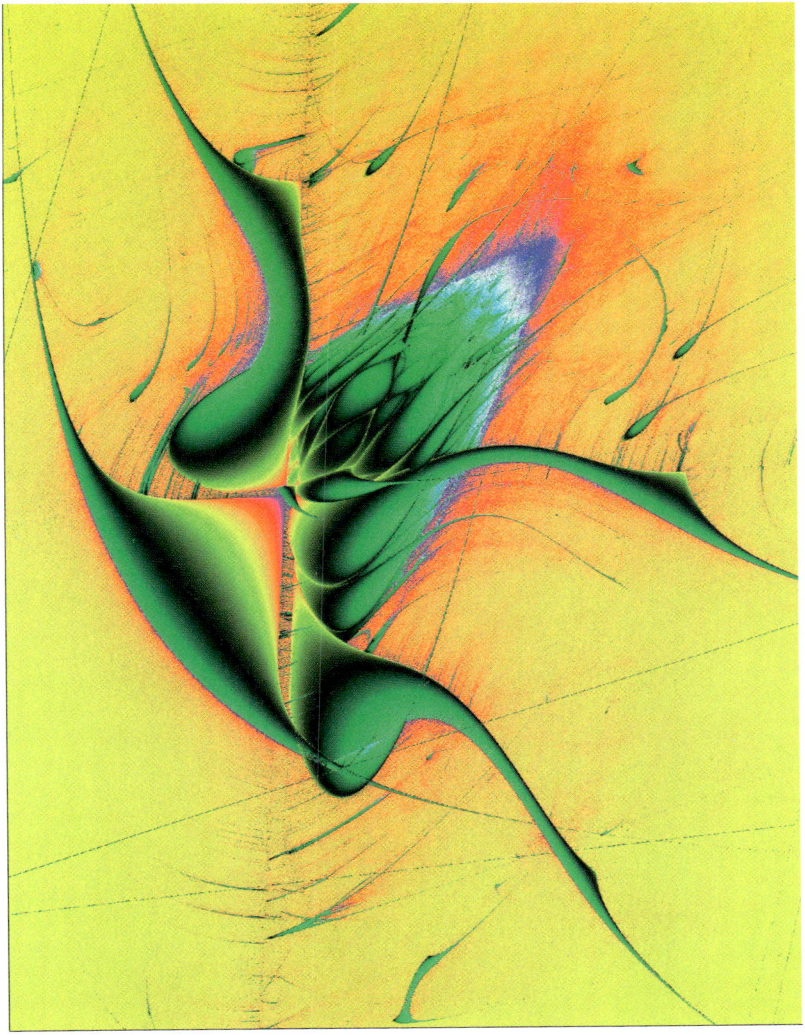

Farbabbildung 4: Noch eine Lyapunov-Malerei.

Farbabbildung 5: Julia-Menge; $\lambda = -0.3937 - i0.5895$
$-0.3627 \le y \le 0.1974$; $0.0491 \le x \le 0.7959$
1000 Iterationen (y horizontal, x vertikal).

Farbabbildung 6: Julia-Menge; $\lambda = -0.3937 - i0.5895$
$-0.3480 \le y \le 1.0074$; $-0.3682 \le x \le 1.4389$
250 Iterationen (y horizontal, x vertikal).

Farbabbildung 7: Julia-Menge; $\lambda = -0.1940 + i0.6560$
$-0.0101 \leq y \leq 0.6513$; $-0.6475 \leq x \leq 0.2344$
250 Iterationen (y horizontal, x vertikal).

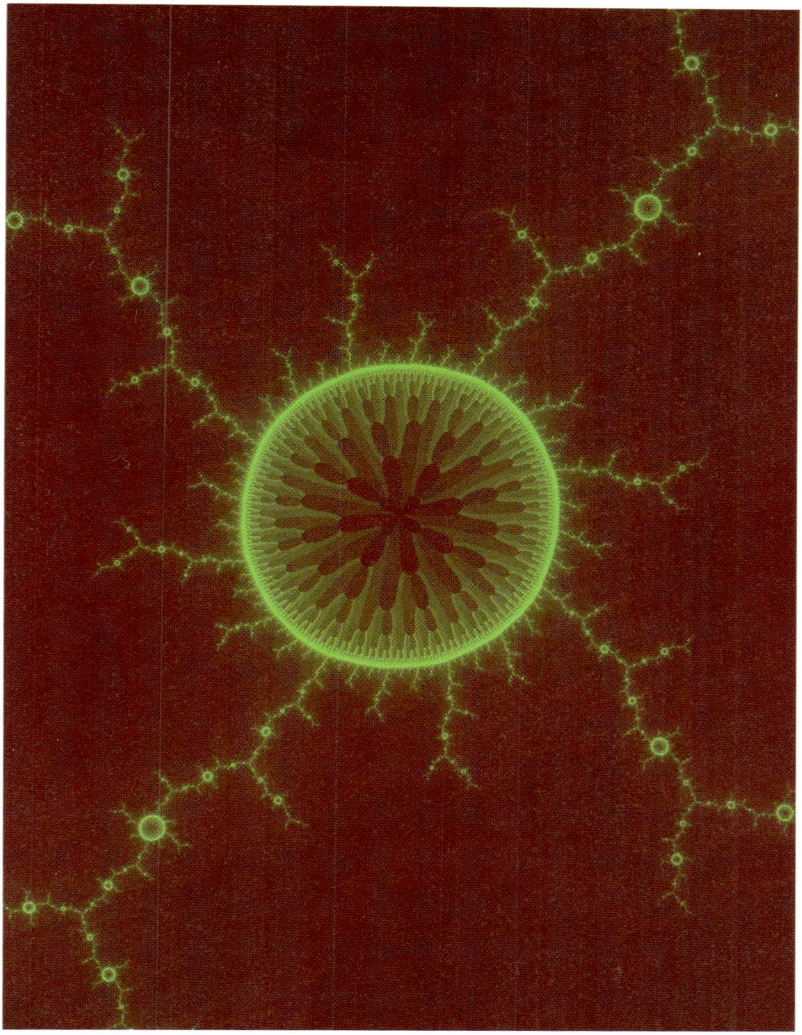

Farbabbildung 8: Julia-Menge; $\lambda = -0.1565 + i1.0323$
$-0.2109 \leq y \leq 0.2109$; $-0.2812 \leq x \leq 0.2812$
10000 Iterationen (y horizontal, x vertikal).

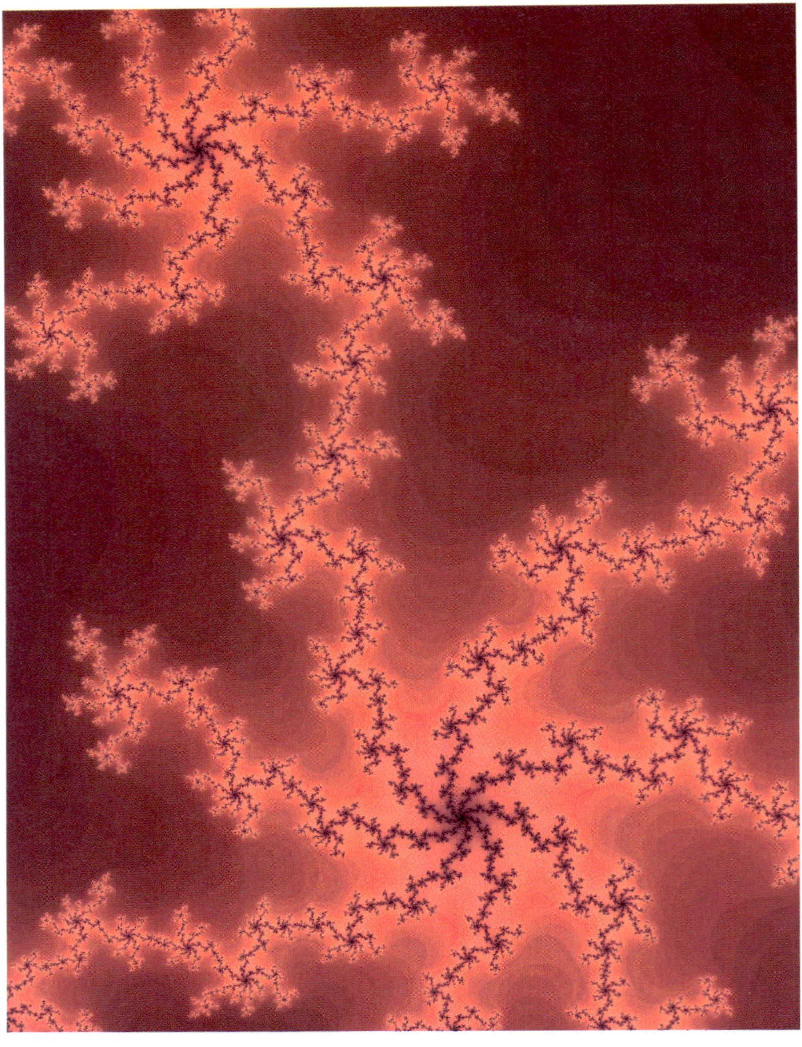

Farbabbildung 9: Julia-Menge; $\lambda = +0.1138 - i0.6659$
$-0.9420 \le y \le -0.2100$; $-0.9135 \le x \le 0.0625$
10000 Iterationen (y horizontal, x vertikal).

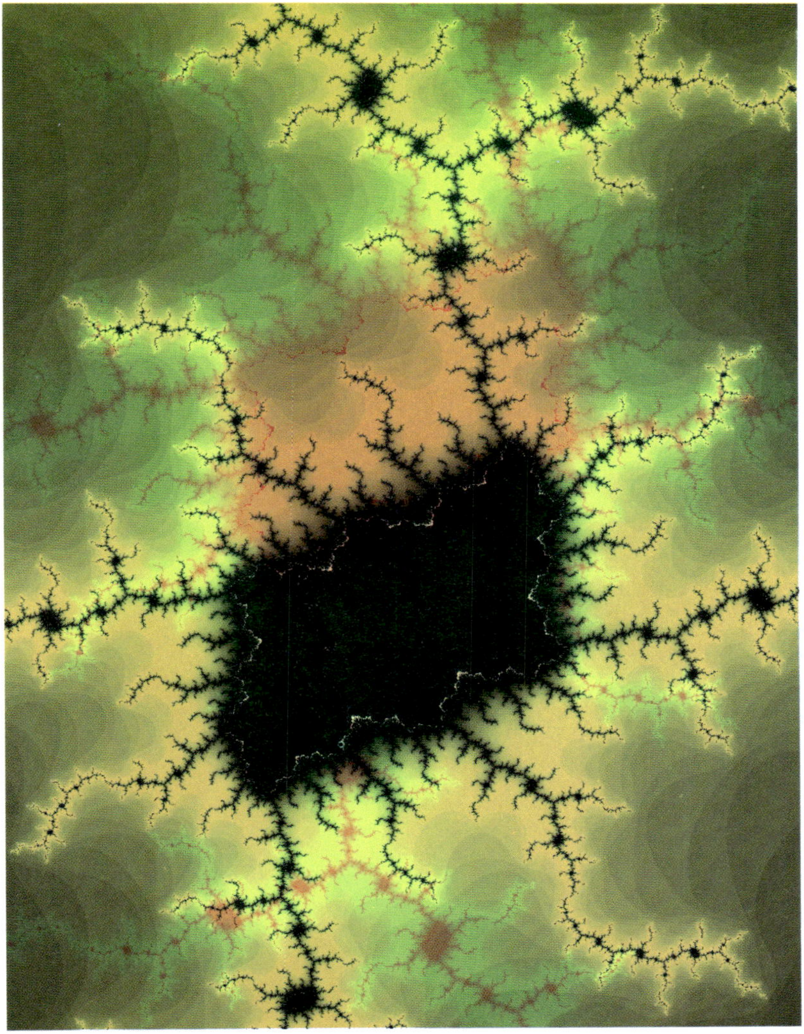

Farbabbildung 10: Julia-Menge; $\lambda = -1.1865 - i0.3016$
$-0.2714 \leq y \leq -0.1693$; $-0.4534 \leq x \leq -0.3172$
10000 Iterationen (y horizontal, x vertikal).

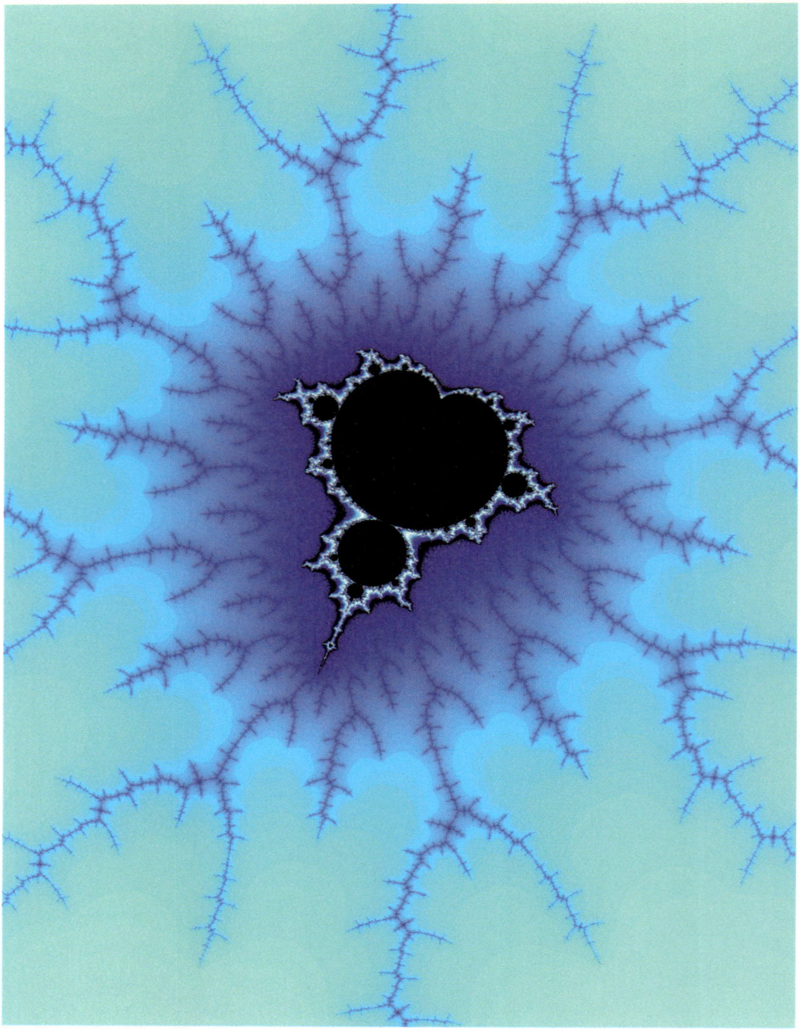

Farbabbildung 11: Mandelbrot-Menge;
$-0.02324 \leq y \leq -0.02316$; $-1.48186 \leq x \leq -1.48176$
1000 Iterationen (y horizontal, x vertikal).

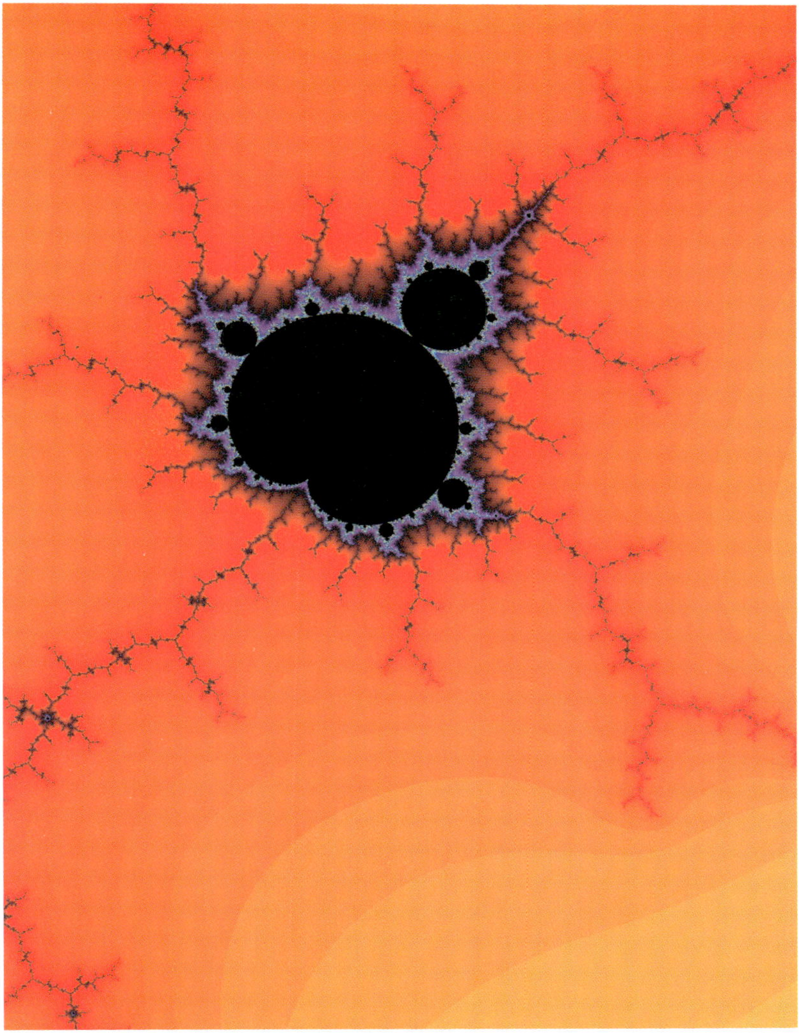

Farbabbildung 12: Mandelbrot-Menge;
$-1.05351 \le y \le -1.01692$; $-0.17746 \le x \le -0.12865$
30000 Iterationen (y horizontal, x vertikal).

Farbabbildung 13: Mandelbrot-Menge;
$-0.10820 \leq y \leq -0.10680$; $-0.76725 \leq x \leq -0.76538$
1000 Iterationen (y horizontal, x vertikal).

Farbabbildung 14: Mandelbrot-Menge;
$-0.05906 \leq y \leq -0.05889$; $-0.74941 \leq x \leq -0.74918$
1000 Iterationen (y horizontal, x vertikal).

Farbabbildung 15: Mandelbrot-Menge;
$-0.6494113 \leq y \leq -0.6494007$; $-0.0696217 \leq x \leq -0.0696076$
30000 Iterationen (y horizontal, x vertikal).

Farbabbildung 16: „Barnsley-Farn“

Farbabbildung 17: Das dritte Element einer dreidimensionalen Transformationsfolge mit fraktalem Hintergrund mit Raytracing gerechnet (Bild bitte um 90° drehen).

Farbabbildung 18: Eine fraktale Landschaft mit Raytracing gerechnet (Bild bitte um 90° drehen).

Farbabbildung 19: Julia-Menge für $z_{n+1} = \sinh(z_n) \cdot \log(z_n)$
$-2.6609 \le y \le 2.7180$; $-0.8460 \le x \le 2.9529$
256 Iterationen (y vertikal, x horizontal).

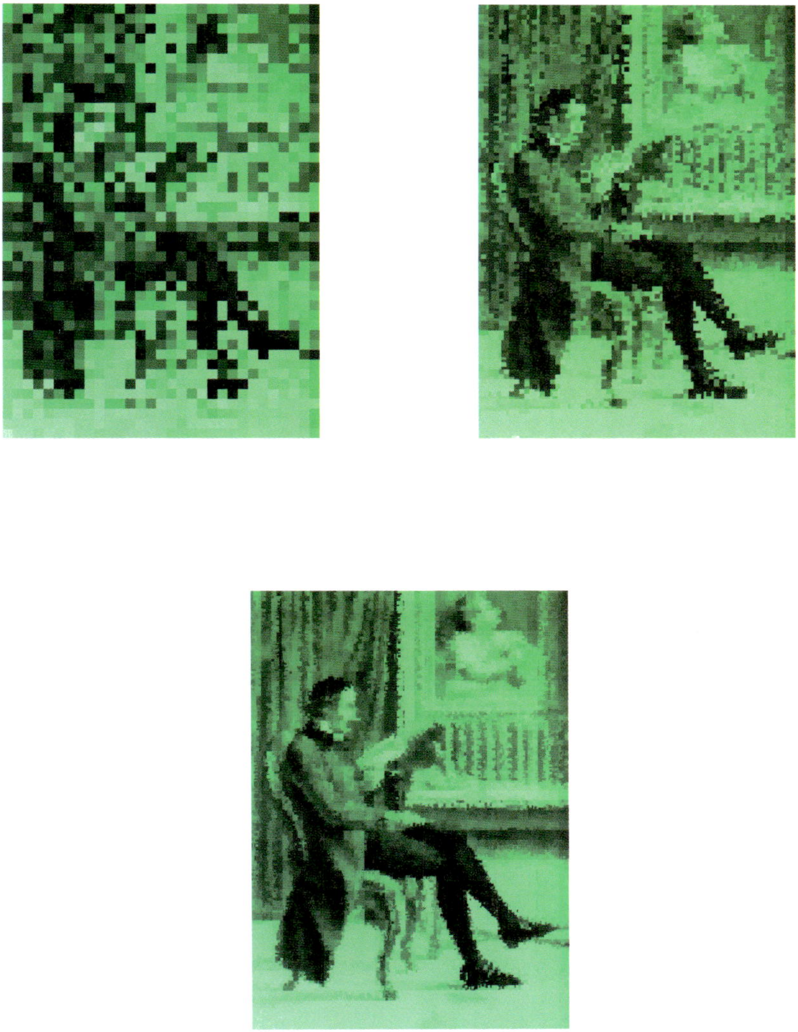

Farbabbildung 20: Drei Stufen der fraktalen Dekompression.

24. Hinweise zur Programmierung

Anfangs sollte man sich auf die beigegebenen Programme stützen und diese ablaufen lassen. Änderungen dieser Programme vertiefen das Verständnis und erlauben es, so manche theoretische Schwierigkeit zu überwinden. Die Grafik sollte man aber beherrschen.

Die eigentlichen Programmkerne sind meist sehr einfach und nur einige Zeilen lang. Da der Quellcode vorliegt, sind beliebige Änderungen einfach. Man sollte aber bei allen Programmen eine grobe Laufzeitabschätzung vornehmen, um unangenehme Überraschungen zu vermeiden. Fraktale können Rechenzeit verschlingen. Bei den ausgewählten Beispielen spielt die Rechengenauigkeit keine allzu große Rolle, doch ist bei neuen Programmen Vorsicht geboten. Insbesondere beim Einsatz von Zufallszahlen kann eine mangelnde Güte des Zufallsgenerators zu Verfälschungen, ja zu sehr sonderbaren Resultaten führen.

Besonders spektakulär sind Fraktalgenerierungen mittels zufälliger Iterationen. Aus einer flirrenden Punktwolke entsteht der Attraktor, bilden sich Fraktale auf dem Bildschirm, Farbenwechsel und Bewegung ergeben Eindrücke, die über statische Bilder hinausgehen.

25. Vorschläge zur Weiterbildung

Die systematische Weiterbildung orientiert sich an Wünschen und Zielen des Interessierten.

- Es sollen tiefere Einblicke in die Mathematik der Fraktale gewonnen werden.

  Chaos and Fractals [2], Fractals Everywhere [4], Bausteine des Chaos [5].

- Interesse an Fraktalen in der Natur.

  The Fractal Geometry of Nature [1], Bausteine des Chaos [5], Fractal Growth Phenomena [6], A Random Walk Through Fractal Dimensions [8].

- Programmierung und Erstellung von Grafik steht im Vordergrund.

  Bausteine des Chaos [5]
  Programme: FRAKINT, FDESIGN, Color Box Compression SDK.

26. Programme

Die Programme sind im Quellcode für Turbo-Pascal 6.0 abgelegt. Für jede Computerkonfiguration sind die „Executives“ selbst zu erstellen. Für die korrekte Ausführung der Programme kann keine Garantie gegeben werden, doch liefen alle Programme in folgender Rechnerkonfiguration:

> IBM-PC mit 486-Prozessor mit einer ELSA Winner 1000 bzw. 2000 Grafikkarte.

Jedes Programm beginnt mit einer Kurzbeschreibung im Quellcode.

Liste der Programme:

1.	Cauchy-Folgen von Mengen	cauchy.pas
2.	Netzdiagramm	web.pas und web_feig.pas
3.	Feigenbaum	feige.pas
4.	Transformationen (affine)	trans.pas
5.	IFS	ifs.pas
6.	Kondensationsmenge	condens.pas
7.	Cantor-Menge	cantor.pas
8.	Fluchtzeitalgorithmus	flucht1.pas und flucht2.pas
9.	Julia-IFS	jul_ifs.pas
10.	Parameterräume	jul-ifs.pas
11.	Markov-Operator	markov1d.pas und markov 2d.pas
12.	Zufallsgenerator	folge.pas
13.	Zufallswanderung ein- und zweidimensional	wander1d.pas und wander2d.pas
14.	Aggregation lineare	wachs1.pas
15.	Fraktale Dimension	DIMENSIO\dim1.exe Microsoft-Windows Programm geschrieben für Turbo-Pascal für Windows

Liste der weiteren empfohlenen Programme:

- FRACTINT

  Freeware Programm, erhältlich über Internet FTP (suchen nach Files FRA*.*) oder über folgende Kontaktperson:

  Lutz Glagau
  Computer-Zentrum der Universität Siegen
  D57068 Siegen
  Tel.: 0271/740-3283
  e-mail: lutz.glagau@ini-siegen.d400.de

- FDESIGN

  Freeware Programm, erhältlich über Internet FTP (suchen nach Files FDESI*.*)

- ColorBox Compression SDK und Images Incorporated

  A Fractal Compression System
  For Windows Programmers

  Iterated Systems, Inc.
  5550-A Peachtree Pkwy., Suite 650
  Norcross, GA 30092

  In Deutschland erhältlich bei der Firma

  Opdix Opto Elektronik GmbH
  Böhmerwaldstr. 9
  D82438 Geretsried 1

Viel Spaß.

Literatur

1) The Fractal Geometry of Nature
Benoit B. Mandelbrot
W. H. Freeman & Company
New York ISBN 3-7643-1771-X

2) Chaos and Fractals
R. L. Devaney, L. Keen (Editors)
Proceedings of Symposia in Applied Mathematics
Volume 39 ISBN 0-8218-0137-6

3) The Beauty of Fractals
H. O. Peitgen, P. H. Richter
Springer-Verlag ISBN 3-540-15851-0

4) Fractals Everywhere
Michael Barnsley
Academic Press Inc. ISBN 0-12-079062-9

5) Bausteine des Chaos FRAKTALE
H. O. Peitgen, H. Jürgens, D. Saupe
Springer-Verlag ISBN 3-540-55781-4

6) Fractal Growth Phenomena
Tomás Vicsek
World Scientific Publishing Co. Pte. Ltd. ISBN 9971-50-442-X

7) Stochastic Geometry and Its Applications
D. Stoyan, W. S. Kendall, J. Mecke
Akademie-Verlag Berlin ISBN 3-05-500032-3

8) A Random Walk Through Fractal Dimensions
B. H. Kaye
VCH Verlagsgesellschaft, Weinheim ISBN 3-527-26468-X

9) Stochastische Modelle für Anwender
P. Weiß
B. G. Teubner Stuttgart, 1987 ISBN 3-519-02621-X

10) Computer und Kunst
E. Steller
B. I.-Wissenschaftsverlag, 1992 ISBN 3-411-14621-4